Osprey Campaign
オスプレイ・ミリタリー・シリーズ

世界の戦場イラストレイテッド
3

カセリーヌ峠の戦い 1943
ロンメル最後の勝利

［著］
スティーヴン・ザロガ
［カラー・イラスト］
マイケル・ウェルプリー
［訳］
三貴雅智

Kasserine Pass 1943
Rommel's last victory

Text by
Steven J Zaloga

Colour Plates by
Michael Welply

大日本絵画

目次 contents

3	序	INTRODUCTION
8	年譜	CHRONOLOGY
10	両軍の司令官たち	OPPOSING COMMANDERS
16	両軍の状況	OPPOSING FORCES
30	両軍の作戦計画	OPPOSING PLANS
45	作戦経過	THE CAMPAIGN

- 45 「フリューリンクスヴィント(春風)」作戦：シジ・ブ・ジッド
- 53 スベイトラの混乱
- 56 「モルゲンルフト(朝のそよ風)」作戦
- 58 「シュトゥルムフルート(高潮)」作戦：カセリーヌ峠の戦い
- 69 将帥の決断
- 72 モントゴメリーへの支援：「ワップ(イタ公)」作戦
- 87 チュニジア戦の最終作戦

94	作戦の回顧	THE CAMPAIGN IN RETROSPECT
97	かつての戦場の現在	THE BATTLEFIELDS TODAY

■凡例
地図中のシンボル(兵科記号)は以下の通り。

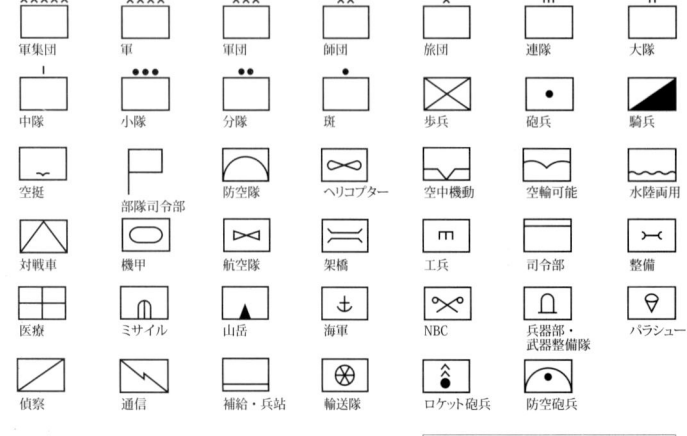

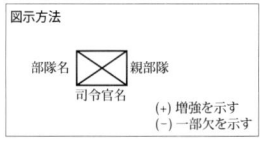

◎著者紹介

スティーヴン・ザロガ　Steven J Zaloga
1952年生まれ。ユニオン・カレッジで歴史学学士号、コロンビア大学で同修士号を取得。軍事テクノロジー、特に装甲戦闘車両(AFV)に関する優れた著作と記事多数。旧ソ連、東ヨーロッパ関係のAFVに関心を持ち、米国の装甲車両にも造詣が深い。

マイケル・ウェルプリー　Michael Welply
カナダのウィニペグ、のちにパリで美術を学び、1977年からプロのイラストレーター。軍事、ファンタジー、おとぎ話の分野で活躍。

序
INTRODUCTION

　1943年2月のカセリーヌ峠を巡る戦いは、第二次大戦においてついにヨーロッパ戦域へと進出したアメリカ軍に、砲火の洗礼を施すことになった。カセリーヌにおいて山間をぬける道路を奪取しようとしたドイツ軍の攻勢とは、北アフリカにおける戦略的イニシアチブの奪還を目論んだ、まさにロンメル最後の試みであった。当初、成功を収めた「シュトゥルムフルート（高潮）」作戦はたちまち行き詰まり、枢軸軍はチュニジアに袋のネズミとなった。アメリカ軍は戦勢を回復すると、数週間後にはエル・ゲタールにドイツ軍を追いつめた。アフリカ軍集団の首に巻かれた輪は急速に締め上げられてゆき、モントゴメリーの第8軍とアンダーソンの第1軍は徐々に包囲を完成させ、1943年春には枢軸軍を圧倒するに至ったのである。米軍の拡大強化された第2軍団は戦線北部へと移され、ビゼルタを窺った。ヒットラーが罠にかかったドイツ・イタリア軍の撤退要請を拒絶したことで、枢軸軍は1943年5月の初めには、25万名を越える将兵を犠牲にする結果となった。これはその規模において数カ月前にスターリングラードで失われた将兵数に匹敵するものであった。本書は、カセリーヌ～ファイド峠およびそれに続く作戦において、いかに米軍が敗北から立ち直りチュニジア戦の終結へと向かったのか、その努力に焦点をあてるものである。

「トーチ」作戦の上陸作戦に参加した米軍車両には、守り手のフランス兵が射撃を控えることを期待して、大きく星条旗が描かれた。写真はM7・105㎜自走榴弾砲で、チュニジア戦での米軍の標準自走砲であった。

中部チュニジアの地形は平坦で岩石の多い砂漠である。その先には峻険なドーサル山地がそびえている。

戦略的背景
THE STRATEGIC BACKGROUND

　北アフリカはドイツとアメリカの双方にとって関心のらち外にある戦域にすぎなかったが、独米ともにその同盟国の甘言により、軍事作戦へと引きずり込まれることになった。ドイツ軍の場合は、アフリカ植民地の拡張を狙ったイタリアが1940年に大胆な賭けに出たものの、イギリス軍の巧みな反撃により瞬く間に窮地に陥ったことがそのきっかけである。イタリアの敗北で北アフリカ情勢が不安定になったことで、ヒットラーはエルヴィン・ロンメルの率いる小規模部隊の派遣を決心し、1941年2月にドイツ軍は北アフリカへ上陸した。「ドイツ・アフリカ軍団」（DAK＝Deutsches Afrika Korps）は、延びきった補給線の先端で戦うイギリス第8軍を相手に数々の勝利を収めた。勝利の度にロンメルへの一様な小規模の兵力増強がなされたが、戦勢を決定的に有利とするにはこれでは不十分であった。この当時、ヒットラーの関心は東へと移り、ロシアへと向けられていたのである。

　アフリカ、中東、インドに植民地権益を有するイギリスにとって、アフリカはその大戦略上、重要な地域である。地中海は中東への主要な連絡路であり、スエズ運河はインドへの交易路を扼していた。歴史的に、イギリスは海上権力を重視する国であり、陸軍は小規模にとどめおかれたため、ドイツのような大陸軍を擁する欧州大陸の国家を、イギリス一国で相手とすることはできなかった。イギリスはそれまで百年以上にわたって、大陸国家との紛争を周辺地域で解決する戦略をとり続けており、その艦隊の戦略機動力を生かして周辺地域において敵の国力を消耗させたうえで、大陸内の他の諸国と同盟関係を築きあげてから敵国と直接対峙するというのが常套手段であった。1940年のドイツ軍による英本土侵攻の危機が去ったのち、イギリス

はエジプトに兵を送り、同戦域の枢軸軍を駆逐する方途に出た。1941年から1942年の初めにかけての北アフリカの戦況は停滞し、戦線が東から西へまたその逆へと行きつ戻りつを繰り返すだけであった。兵力、補給、新兵器の到着により一時的な優勢を得た側が、敵を押しやることができたのである。だが1941年6月、ドイツのソ連侵攻が開始されたことで、アフリカ軍団の先行きは暗いものとなった。ロシアがドイツ国防軍の主戦域となったことで、1942年の夏には、北アフリカにおける兵力均衡はイギリスの決定的優位となったからである。

　1941年12月、ヒットラーがアメリカに宣戦布告したことで、イギリスの戦略的立場は強化された。チャーチルはさっそくルーズベルトの説得にとりかかり、地中海戦域を獲得することの利点を説いた。だがアメリカの評価ははかばかしくなく、とりわけ米陸軍参謀総長ジョージ・C・マーシャルは早急に、可能ならば1943年中にも、連合軍によるフランス直接進攻実施を強く望んでいた。じきに明白となったことではあるが、いまだ連合国には1943年中にフランスで大規模な作戦を展開するだけの準備が整えられるはずはなかった。連合国の首脳間で会議が幾度も開かれる中で、イギリスは、1942年から1943年の間に地中海戦域において作戦を実施することは、フランス上陸が可能となるまでドイツ国防軍に圧力をかけ続けることに通ずると訴え、徐々にアメリカ側の関心を引き寄せることに成功していた。加えて、スターリンとその首脳部は、赤軍がすでに一年以上にわたってドイツ軍の猛攻を耐え支えていることから、西側連合国による早期の戦闘行動の開始を強く要求していた。時ここに至って、ルーズベルトとマーシャルはついにイギリスの主張に同意したが、アメリカの地中海戦域への関わり方に熱心さは見られなかった。

在北アフリカのフランス軍は旧式装備しか持っていなかった。写真のホワイト＝ラフリー 50AM装甲車は、第2アフリカ猟兵連隊の所属である。この装甲車は1942年11月8日の「トーチ」作戦開始直後に、オランの西のエル・アンコール近郊で米第26歩兵連隊の37mm対戦車砲により破壊されたもの。この仏軍部隊はのちのカセリーヌ峠戦時の1943年2月23日、米英軍とともにタラの防衛に当たった。（MHI）

チュニス獲得の競争にドイツ軍は勝利した。1942年12月、ドイツ軍は急速に、チュニジア橋頭堡へと部隊を送り込んだ。写真のⅣ号戦車もその1両である。（NARA）

トーチ作戦
OPERATION TORCH

　北アフリカにおける英米共同の新作戦は、「トーチ（たいまつ）」作戦と命名された。1942年10月、第二次エル・アラメイン戦に勝利したことで、英第8軍は北アフリカでの戦略的イニシアチブを獲得した。ドイツ軍とイタリア軍はリビア領内を大急ぎで退却中であった。「トーチ」作戦の目標は、枢軸軍を反対の西側から襲って北アフリカから追い出すことにあった。連合軍の上陸作戦は、仏領北アフリカの三地点で米軍を先頭に実施することが予定された。「トーチ」作戦の主役が米軍である理由は、英軍がすでに北アフリカで作戦中であることもあったが、それよりも1940年のフランス敗北の結果、英仏間に遺恨が生じていたことにあった。イギリス軍はフランスが降伏する以前にその大陸派遣軍を引き揚げており、さらにその後、イギリス海軍はフランス海軍の主要艦艇がドイツ軍の手に落ちることを嫌って、メルセルケビル軍港（アルジェリア）に残るフランス軍艦に攻撃をかけたのである。こうした事情から、米軍を主力とするならば、英軍を「トーチ」作戦の上陸部隊とした場合に当然予測される、フランス軍の抵抗を免れることができると考えられたのである。

　ここでは、在北アフリカの植民地に侵攻を受けた場合の、フランスの反応が問題であった。フランスの（ヴィシーに置かれた）ペタン政権は、ドイツの反感を買うはめになる事態を慎重に避けていた。ヒットラーを怒らせれば、いまだ残る中部および南部フランスだけでなく、ヴィシー政権の統制下にある海外植民地までも奪われることは必至だったからである。連合国に楽観を許す状況としては、北アフリカ植民地が1940年の和平後、ペタン政権の対

独協力姿勢を嫌う多くの軍人や官吏の避難地となっていたことがある。アメリカは上陸作戦を前にして、地方高官を懐柔して連合国へ味方するようにしむけるため、工作員の潜入に着手した。1942年11月、上陸作戦が始まった時点での、フランス軍の反応はさまざまであった。だが数カ所において小競り合いがおきたものの、強力な抵抗にぶつかることもなく上陸は成功したのである。

　連合軍の上陸に際して、ヒットラーの反応は想定内のものであった。フランスの残る部分にはドイツ国防軍が進んで占領し、ペタンは放逐された。チュニジアやアルジェリアといったフランス植民地は、一挙に情勢不安に陥った。エル・アラメインの敗北でロンメルの名声も輝きを失ったことで、ヒットラーはネーリング将軍の率いる第二の派遣軍を北アフリカに送り、チュニジア橋頭堡の確保にあたらせた。チュニジアを最初に制する者は誰か、アルジェリアから進発するアンダーソンのイギリス第1軍か、それともイタリアから輸送機と船で集結しつつあるドイツ第5戦車軍か、熾烈な競争が開始された。結果はドイツ軍が勝った。12月の半ばにはチュニジア国境を挟んで両軍の動きは膠着することになった。連合軍にはドイツ軍の防衛線を打ち破る力はなかったし、ドイツ軍にも連合軍をアルジェリアに押し戻すには補給が足りなかった。冬の寒さは厳しくかつ雨も多く、連合軍は大攻勢の実施は翌春と見込んだのである。

　この一触即発の状況は、英第8軍とリビア領内を退却中のロンメルのアフリカ戦車軍においても同様であった。ムッソリーニはヒットラーへ、リビアで踏みとどまって戦うことを懇願した。さもなければ運のないイタリア軍が、またも軍事的失敗をおかすことで、ムッソリーニの権威は失墜することになる。だがロンメルは最高司令部に対し、増援兵力と補給を与えられないのならば、より防御に適した地形を求めてチュニジア国境を越えて退却せざるを得ないと、遠慮なく言い放った。しかしすでにロンメルはヒットラーの歓心を失っており、いますぐ増援が実施されることはないと警告されていた。司令部のリビア防衛の作戦指導をさておいて、ロンメルはチュニジアに最終防衛線をしくことを決心した。1943年2月には、苦労してドイツ軍の大半とイタリア軍中の優良部隊をチュニジアへと救い出すと、フランス軍の作ったマレト防衛線を楯にして踏みとどまった。

　ロンメル軍とチュニジアの第5戦車軍との合流が差し迫ったことで、ヒットラーとムッソリーニは、チュニジア橋頭堡の防衛計画策定にとりかかった。指揮組織の改編が図られ、長い戦旅のもたらした過労と病を癒すことを理由にロンメルには帰国が命じられ、指揮権はイタリア軍のジョヴァンニ・メッセ将軍に引き継がれることになった。これに伴いアフリカ戦車軍は、イタリア第1軍と改称される予定であった。だが、時ここに至っても、ロンメルはいまだ乾坤一擲の反撃の機会を窺っていた。チュニジアの連合軍の防衛線は弱体なままであり、その南側面は経験に乏しいアメリカ軍によって支えられていた。ロンメルは実戦経験の浅い米軍を「イギリス軍にとってのイタリア軍」と侮っており、強烈な一撃で米軍防御線を打ち破ることができると踏んでいた。その穴から、ドイツ戦車隊がアルジェリアへとなだれ込むことで、アンダーソンの第1軍を脅かすことができる。ロンメルはいまこの時を、数カ月に及ぶ退却戦で地に堕ちた名声を一気に挽回する、最後の一撃の好機と睨んだのである。

年譜
CHRONOLOGY

1942年
11月8日　「トーチ」作戦開始。米軍が仏領北アフリカの三地点に上陸。
12月中旬　ドイツ軍が、シチリアとイタリア経由でチュニジア北部に兵力増強、チュニス獲得を巡る競争に勝利。

1943年
1月20日　ロンメル、独伊戦車軍に対しリビアからチュニジアへの撤退を命じる。
1月30日　アルニムの第5戦車軍が、フランス守備隊からファイド峠を奪取。
2月11日　イタリア軍最高司令部が、ロンメルとアルニムによるチュニジアでの攻勢に関する指導書を作成。
2月14日　シジ・ブ・ジッドを守る米第1機甲師団CCA戦闘団への攻撃をもって、「フリューリングスヴィント(春風)」作戦が開始される。
2月15日　米軍のシジ・ブ・ジッド反撃が失敗。CCA戦闘団はスベイトラに退却。
2月16日　「モルゲンルフト(朝のそよ風)」作戦開始。ガフサを難なく占領。
2月17日　第5戦車軍の圧力を受け、米軍がスベイトラから退却。
2月18日　ロンメル戦闘団とアルニム部隊の両偵察部隊が、カセリーヌ峠で連携完成。
2月18日深夜　イタリア軍総司令部が、ロンメルを司令官とする「シュトゥルムフルート(高潮)」作戦を認可。
2月19日　DAK戦闘団が、カセリーヌ峠の米軍陣地とスビバの米英軍陣地に強襲をかけるが、奪取に失敗。
2月20日　カセリーヌ峠の攻撃は、夕刻に守備隊を圧倒。
2月21日　テベサ道沿いの進撃が、第1機甲師団CCB戦闘団により阻止される。ドイツ第10戦車師団は、タラへの接近経路を守る英軍を相手に終日、激戦を繰り広げる。
2月22日　テベサ道沿いのドイツ軍攻勢は頓挫。タラへの攻勢は砲兵により阻止される。1415時、退却命令が下される。
2月25日　連合軍がカセリーヌ峠を再占領。
3月17日　「ワップ(イタ公)」作戦開始、米第1歩兵師団がガフサを占領。
3月23日　マレト線の側面を衝こうとする米軍の進撃を阻止しようと、ドイツ第10戦車師団がエル・ゲタールで攻撃するが、逆に大損害を喫し退却。
4月10日　ドイツ軍は、ショット陣地からの撤退完了まで、フォンドゥークとピション両峠の保持に成功。
4月23日　米第2軍団がチュニジア北部において、ビゼルタを目指す攻勢を発起。
4月30日　第34師団が、マチュール進撃路上の重大な障害となっていた609高地をついに奪取。
5月7日　第9歩兵師団がビゼルタに突入、同市は翌日陥落した。
5月9日　第1機甲師団が地中海に到達。ドイツ第5戦車軍は1250時に降伏。
5月13日　ドイツ軍の残余が、第18軍集団に降伏。

左ページ●シジ・ブ・ジッド戦で壊滅したハイタワーの第1機甲連隊第3大隊の、数少ない生き残りであるI中隊のM4A1戦車。車長はG・W・ミード大尉。1943年2月24日、カセリーヌ峠での撮影。(NARA)

両軍の司令官たち
OPPOSING COMMANDERS

枢軸軍司令官
AXIS COMMANDERS

　名目上、在北アフリカの枢軸軍は、イタリア軍最高司令部とその司令官であるウーゴ・カバレロ元帥の指揮下に置かれていた。最高司令部自体は、リビア総督であるエットーレ・バスティコ元帥により、北アフリカ戦域に設営された。バスティコは傑出した軍歴を誇り、エチオピア戦役を戦い、また1937年のスペイン内乱ではイタリア義勇軍団（CTV）を率いて戦った。元帥もその前任者たちと同様、かつての部下であるエルヴィン・ロンメルの操縦には、まったくお手上げの状態であった。ドイツ軍司令官らは、北アフリカとギリシャにおける過去の失敗からイタリア軍を軽侮しており、北アフリカにおける作戦指導の実権を握っていたのは、バスティコではなくロンメルであった。ロンメルの参謀長は戦後に記した回想録の中で、「バスティコはロンメルに広範な行動の自由を許した」と揶揄しており、バスティコの存在はまことに軽いものにすぎなかったのである。

　北アフリカの枢軸軍司令官中で抜きん出ていたのは、エルヴィン・ロンメルであった。砂漠の緒戦での連戦連勝ぶりは、ヒットラーをして1942年6月22日付けでロンメルの元帥昇進を認めさせる結果となった。1941年初めにロンメルの率いていたのはドイツ・アフリカ軍団（DAK）であったが、1941年8月には拡充されてアフリカ戦車集団となり、ドイツ・アフリカ軍団とイタリア第20軍団をその指揮下に収めていた。英語で記された戦史では大いに注目を浴びた北アフリカ戦線であったが、赤軍との壮大な死闘を繰り広げている最中のドイツ国防軍にとっては、ここは脇舞台にすぎなかった。ドイツ軍将校団内でのロンメルの評価も、連合国将校が認めていたほどにはけっして高くなかった。フォン・アルニムのような生粋のプロイセン将校はロンメルをして、陸軍大学出身者と肩を並べうるだけの、職業的素養を欠いた成り上がり者にすぎないとみており、その賑々しい昇進ぶりはひとえにヒットラーの寵愛を得たことにより獲得できたのだと考えていた。1941年から1942年にかけてのロンメルの勇戦奮闘ぶりはドイツ軍にも大きな損害をもたら

1943年1月、光り輝いたエルヴィン・ロンメル元帥の名声も、エル・アラメイン戦の敗北と、続くリビアを足早に駆け抜けてチュニジア国境にまで達した退却行により、陰りを見せ始めていた。（MHI）

ロンメルのチュニジアでのライバル、第5戦車軍司令官のハンス＝ユルゲン・フォン・アルニム戦車兵大将。（NARA）

し、また同年の夏の終わり頃には、ロンメル自身も肉体的疲労の極みに達し、病苦に苛まれているありさまであった。ロンメルは1942年9月22日、加療のためドイツ本国へと旅立ち、指揮権は東部戦線の歴戦の司令官、ゲオルク・シュトゥンメ大将へと引き継がれた。だが、1942年10月23日にエル・アラメインでモントゴメリーが攻勢を開始した直後に、運悪くシュトゥンメが心臓発作で急死したため、ロンメルの治療期間は切り上げられることになった。ヒットラーは自ら直々にロンメルへ電話を入れ、アフリカへ行き広がりつつある窮状を救うことを求めた。ロンメルは1942年11月初めに、アフリカへと舞い戻った。

地中海戦域のドイツ軍の兵力増強が続けられた1941年後半にあって、同年12月、ドイツ国防軍はローマ近郊のフラスカティに南方総司令部（Oberbefehlshaber Süd）を設け、アルベルト・ケッセルリング元帥が司令官に就任した。ケッセルリングは空軍将校であり、南方総司令部司令官に加え地中海戦域を担当する第2航空艦隊司令官も兼任していた。また元帥は名目上、ムッソリーニの指揮下に属し、イタリア軍最高司令部の空軍総司令官とされていた。ケッセルリングはバイエルンの砲兵として軍歴を歩み出し、その傑出した才能を認められて1917年の冬には参謀本部入りした。大戦講和後も、1930年代まで共和国国防軍（ライヒスヴェーア）に奉職し、1933年には文官として航空省の行政官の長に任じられた。しかし実際の職務は、新生ドイツ空軍のための基幹施設の整備にあり、その働きぶりは空軍司令官であるヘルマン・ゲーリングの認めるところとなった。大戦勃発時には第1航空艦隊司令官として制服組へと復帰した。第1航空艦隊は、戦術近接航空支援を担う爆撃機やシュトゥーカ急降下爆撃機隊をようし、1939年のポーランド戦で重要な役割を果たした。続いて1940年のフランス戦役では第2航空艦隊司令官に就いた。ケッセルリングとイタリア軍、またロンメルとの関係には実に厄介なものがあり、政治的才覚をもって切り拓いてゆかなければならなかった。カバレロ元帥はケッセルリングの任命を等閑視しており、独伊司令官の関係ははなから緊張したものとなった。しかし、ケッセルリングは「微笑みのアルベルト」として知られるとおり人間的な魅力にあふれており、その如才なさと忍耐により、しだいにイタリア軍高官との間に友好関係を築き上げていった。その努力も1942年2月にカバレロの後任にヴィットリオ・アンブローシオ大将が就任すると、無駄となった。ケッセルリングによれば「その態度は非友好的を通り越して、敵対的であった」とされている。

ロンメルはのちにこう記している。「軍事的名声が高まることは、ときには不幸をもたらすことになる。軍人は己の才能の限界を知っている。しかし人々は奇跡の成就を期待するものだ」。1942年夏、ロンメルが日毎に戦力を低下させつつあったアフリカ軍団を率いて、さらなる奇跡を起こせなかったとき、ロンメルはヒットラーの歓心を失うことになった。エル・アラメインの敗戦ののち、1942年11月にドイツに帰還したロンメルが、ベルリンへと発した報告は、もはや居丈高ささえ帯びた勝利の確信に満ちあふれていた1941年のそれではなく、破滅を宣告する予言者のごとき悲観に満ちたものであった。ムッソリーニはヒットラーに対し、ロンメルの命じたリビア領内の足早な退却作戦に、猛烈に苦言を呈していた。チュニジア防衛は、ヴァルター・ネーリング大将と急遽編成された第90軍団に委ねられていた。だが、ケッセルリングを含めたドイツ高級指揮官の多くは、ヒットラーがロンメルよ

りも悲観的になっていると感じていた。ケッセルリングはチュニジア橋頭堡増強のために1個戦車軍の派遣を進言し、ヒットラーはこれを了承した。ロンメルの敗北と悲観論を嫌ったヒットラーの新たなお気に入りは、ハンス＝ユルゲン・フォン・アルニム戦車兵大将であった。アルニムは新編の第17戦車師団長として、1941年6月のソ連侵攻の緒戦を戦ったが、重傷を負った。だが、9月には職務に復帰し、キエフ包囲戦の最終段階に加わった。アルニムの指揮ぶりには軍人の鑑と呼ぶべきものがあり、1941年11月には北部戦線で苦闘を続ける第39戦車軍団長へと取り立てられた。アルニムの名声は1942年5月、ホルム包囲陣にとらわれたドイツ軍を救出する解囲作戦を立案、指揮したことで、さらに高まった。この活躍はヒットラーの目に留まり、1942年11月、「トーチ」作戦に対抗するための第5戦車軍の派遣が議題に上ったときに、アルニムが選ばれたのである。

2月後半、在北アフリカの連合軍地上部隊は、第18軍集団の下に統合された。1943年3月17日、フェリアーナにおいて懇談する軍集団司令官。左からハロルド・アレクサンダー、ドワイト・アイゼンハワー、ジョージ・S・パットン。（NARA）

連合軍司令官
ALLIED COMMANDERS

連合軍の司令部組織は、枢軸国のそれよりもまとまりのあるものであったが、連合作戦が新たな展開を迎え調整局面に入ったことで、やはり同様に困難を抱えこんでいた。英米の指導者はともに、第一次大戦当時にもいや増して、その司令部組織を一体化することの必要を認めていた。1942年1月、戦略レベルでの作戦立案を調整するために米英合同参謀本部が置かれた。連合軍の協調ぶりは根本的に、独伊軍に比べてはるかに健全な状態にあった。これには、両軍の戦争遂行能力がほぼ等しかったことが大きい。たしかにアメリカ合衆国は資源に富んではいたものの、1942年当時のイギリスは、はるかに優る戦争経験を積んでおり、戦略ならびに作戦に関するその発言に、大なる重みを与えていた。だが、戦略司令部レベルではうまくいっていた米英の関係も、野戦レベルでは事情が異なっていた。英軍の野戦指揮官は、未経験で青二才の米軍をしばしば軽侮してみせた。

指揮の統一化は戦域司令部レベルにも拡大され、地中海戦域の総司令官にドワイト・アイゼンハワー将軍が選ばれた。アイゼンハワーはすでに、その師である米陸軍参謀総長ジョージ・C・マーシャル大将の推挙により、ヨーロッパ派遣米軍総司令官に任命されていた。アイゼンハワーは生まれついての参謀将校であり、野戦指揮官にはむいていなかった。第一次大戦を通じてアイゼンハワーは、いまだ黎明期にあった米軍戦車隊の錬成教育に

チュニジア北部に展開した英第1軍の司令官であるケネス・A・N・アンダーソン中将。（NARA）

「トーチ」作戦において中央任務部隊を率いた、ロイド・フリーデンダール少将。のちにサテン任務部隊、米第2軍団の司令官をつとめた。（NARA）

パットンは自分用に改造したM3A1スカウトカーに乗って戦場を疾駆した。写真は1943年3月、チュニジアで撮影されたものだが、前職である第1機甲軍団のマーキングがバンパーに残っている。（NARA）

従事した。その傍らでは、若き将校であったジョージ・S・パットンが、米軍最初の戦車大隊のいくつかを率いて1918年のフランスで戦っていたのである。アイゼンハワーは1930年代には、フィリピン統治にあたり派手な行動で衆目を集めたダグラス・マッカーサー大将の副官職を、優れた働きぶりで立派に務め上げ、この得難い経験から司令部特有の政治力学を会得した。第3軍の参謀長を任されていた1941年、日本軍の真珠湾攻撃が実施されたことにより、アイゼンハワーはフィリピンでの経験を買われて、ワシントンへと呼び戻された。マーシャルはその才覚に強い印象を受け、翌年アイゼンハワーを非公式な国家戦略立案の仕事につけた。夏を迎え、ヨーロッパにおける全米軍を統括する総司令官をおく必要が明確になると、その階級の低さや年功序列を無視するかたちで、マーシャルは迷わずアイゼンハワーを抜擢した。アイゼンハワーが連合国北アフリカ派遣軍の総司令官になることは、自明の理であった。マーシャルはチャーチルの主唱する「トーチ」作戦に反対し続けていたので、1942年7月ついにアメリカ側が折れて作戦実施に同意したとき、政治的配慮により作戦指揮権は米軍へと差し出された。ヨーロッパ派遣米軍の総司令官であるアイゼンハワーが総司令官となるのは当然のことであり、またチャーチルの信頼を得ていたことも大きく寄与した。アイゼンハワーは自信にあふれ、かつ外向的な性格を有しており、何よりも、野心と才覚にみなぎる指揮官たちとともに働くことに、喜びを見いだしていたことが重要であった。これは王宮御殿ばりの政治的な駆引きが必要となる総司令部をまとめる司令官には、必須の要件なのである。

当初は「サテン・フォース」と呼ばれていたアメリカ第2軍団は、1943年1月21日、ケネス・A・N・アンダーソン中将の率いるイギリス第1軍の指

揮下へと組み入れられた。将軍は第一次大戦で戦功十字章を受け、大戦間期は植民地駐留で過ごした。1940年のフランス戦では第11歩兵旅団長となり、引き続き第3歩兵師団の臨時師団長として戦った。ダンケルク撤退後には、第1歩兵師団長となり、1941年春には軍団司令官に昇った。部下となった米英人による人物評価は「気難しく、無口なスコットランド人」というものであり、関係は保てたものの意思の疎通は困難であった。さらに米英司令官の指揮様式の違いが、協調の困難さに輪をかけた。英軍司令官は部下の立案する戦術案の詳細に立ち入り検証することを常としていたが、米軍司令官は、任務の目標を明確に示したのちは、作戦の詳細に関しては部下の裁量に委ねるという方式であった。米軍が英軍指揮下に入ったチュニジアでは、米軍指揮官は、英軍司令官には干渉しすぎるきらいがあるとし、それは部下の能力に疑いをもっているからだと受け取ったのである。

　米軍の2個軍団の司令官には、アイゼンハワーよりも年長者が選ばれた。ロイド・フリーデンダール少将は、オランに上陸した中央タスクフォースの指揮官であり、引き続いて在チュニジアの米軍の中核であるサテン・フォースを率いた。フリーデンダールは1917年から1918年にかけて、フランスにおいて参謀将校として勤務した。検閲総監を務めた後に、1935年に大佐に昇進した。1940年10月には、第4歩兵師団長となった。その訓練に関する熟達ぶりが高く評価されたことで、1941年にカロライナ演習の実施時に、第2軍団の司令官に任命された。米軍将校の多くは、フリーデンダールを陸軍の輝ける才能のひとりとして認めていたが、英軍将校は彼をして、下卑たしゃべりを気にもかけず、恥知らずにも知ったかぶりをすることで自信過剰を正当化する、アメリカ人の不快な特質を現出した人物とみていた。しかも「豪傑」気取りの態度でスラングを交えて命令を出すきらいがあったので、部下はその真意を図りかねる場合が多かった。1943年初めの段階では、第2軍団の指揮下にあったのは、完全編制の師団である第1機甲師団だけであった。しかもフリーデンダールは、師団長であるオーランド・ウォード少将を無視して、戦闘団に直接作戦指導することを当たり前としていた。このため、ウォードとの意思疎通なぞは存在しないも同然で、さらにフリーデンダールは部隊の戦術的配置に関してきわめて詳細な指導をおこなうことを好んだので、ウォードは采配の自由を奪われた最悪の状態に置かれたのである。

　もうひとりの在北アフリカの米軍司令官は、カサブランカに上陸した西部タスクフォースの指揮官であり、引き続きモロッコ駐留の第1機甲軍団の司令官となったジョージ・S・パットン少将であった。目立つ司令官であることに関しては、パットンはフリーデンダールにひけをとらなかった。将軍は変わり者であったが、熱烈な職業軍人であった。パットンは1918年のフランスで、米軍唯一つの大規模な戦車部隊を率いて戦った。だが戦後は、戦車科への所属が軍歴の袋小路につながると知ると、こよなく愛する乗馬騎兵へと逆戻りした。しかしパットンは愚者であった訳ではなく、1930年代後半に入って騎兵の時代が終焉を迎えたことが明確になると、さっそくその熱意の大半を新生の機甲部隊へと転じ、1941年1月には新編の第2機甲師団長となったのである。モロッコの第1機甲軍団には、この第2機甲師団といくつかの独立戦車大隊が組み入れられた。軍団は戦場を遠くはなれた場所に置かれたままであった。その理由は、ひとつは在チュニジア米軍の兵站能力では機甲軍団をまかないきれないことにあり、もうひとつはジブラルタルの対

第1機甲師団長のオーランド・"ピンク"・ウォード少将。

議論好きだがきわめて優れた指揮官であった、第1機甲師団B戦闘団長のポール・ロビネット大佐。写真は大戦の10年ほど前に撮影されたもの。(MHI)

岸とスペイン領モロッコに隣接して、戦略予備を配置する必要があったことにある。これはドイツのフランス完全占領の所産として、いかなる経緯によるものであれ万が一、スペインがドイツと同盟を結んでしまうことを懸念しての処置であった。ヒットラーがスペインの海岸沿いに兵を進め、さらにスペイン領モロッコに進出することになれば、連合軍戦線の背後を衝くかたちとなり、北アフリカの連合軍策源に一大打撃を加えることが可能となる。パットン部隊は、こうした軍事的冒険を制する重しの役をなしていたのである。

　米英軍の関係はときおりぎくしゃくとした様相をみせる程度のものであったが、在北アフリカのフランス軍との関係はまったく不快なものでしかなかった。在北アフリカのフランス政庁が連合軍に与することを決心した時点で、北アフリカ守備隊の指揮権はアンリ・ジロー将軍へと渡された。フランス軍には1940年の英軍の敵対行動を容赦する気は毛頭なかったので、ジロー将軍は指揮下の部隊をアンダーソンの英第1軍に従属させることを拒絶した。将軍はアイゼンハワーの連合軍最高司令部への直属を望んだので、便宜的に指揮系統が設けられた。アイゼンハワーはルシアン・トラスコット少将に対しチュニジア作戦間、ジロー将軍の下で参謀副長として働くことを命じ、コンスタンチンに置かれた前線司令部へと派遣した。フランス軍はアンダーソンを無視してトラスコットに報告を送ったので、トラスコットはアンダーソンとの間に立って作戦の調整に務めた。まったくもって込み入った関係であったが、仏軍チュニジア司令官であったアルフォンス・ジュワン将軍が協力的な人物であったことで、いくぶんはやわらげられた。ジュワンは植民地戦の経験に富んだ猛者で、米軍指揮官の尊敬を集めていた。チュニジアで奉職する間、ジュワンは1944年に予想されるイタリアやフランス本土での作戦に備えて、在北アフリカ仏軍の再編訓練を主たる役割として精勤していた。そのため、チュニジアの仏第19軍団の指揮はルイ＝マリー・コルス将軍がとった。軍団はアンダーソンの英第1軍とフリーデンダールの米第2軍団の中間に展開した。

アイゼンハワーはウェスト・ポイント陸軍士官学校の同級生であったオマー・ブラッドレーを副官として招いた。だが、カセリーヌ戦後、新たな指揮官が必要となったことで、ブラッドレーは最初、第2軍団長のパットンの副官となり、ついでチュニジア戦最後の1カ月は第2軍団長として働いた。

両軍の状況
OPPOSING FORCES

枢軸軍
AXIS FORCES

　1943年1月の時点でチュニジアにあった枢軸軍は、ふたつに大別できた。ひとつはチュニジア橋頭堡を守るアルニムの第5戦車軍であり、もうひとつは退却を続けるロンメルのアフリカ戦車軍であった。このふたつの部隊では、アルニム軍の方が主力であった。軍はアフリカにはまだ到着したばかりであり、部隊は活気に満ち装備状況も良かった。他方、ロンメル軍は打ち続いた戦闘と休み無しの退却行により、疲弊の極みにあった。しかも補給はアルニム軍が優先されていたので、常に不足状態にあった。

　第5戦車軍は、2個軍団により構成された。ドイツ軍を束ねるフィッシャー軍団集団とイタリア軍を束ねるイタリア第30軍団であった。さらに、ドイツ空挺隊により集成され、ときにはフォン・ブロイヒ狙撃兵旅団ともよばれるフォン・ブロイヒ師団と、イタリア第10「ベルサグリエリ」連隊、および様々なドイツ軍部隊が、1942年10月にチュニジアに空輸された枢軸軍の中核を成していた。第334歩兵師団は、1942年11月末に新編されたばかりであり、チュニジア到着時には戦力が未完のままであった。第10戦車師団は、1940

北アフリカでドイツ戦車隊の主力を担ったのは、Ⅲ号中戦車であった。写真は、高性能の長砲身50㎜砲を備えた、シリーズ後期モデルのⅢ号L型。カセリーヌ峠で戦った第10戦車師団第7戦車連隊第6中隊の所属車。

枢軸国空軍はチュニジアとシチリアの空軍基地網を存分に活用して、在チュニジアの地上部隊の支援にあたった。写真は1943年5月にビゼルタの飛行場のひとつで捕獲されたフォッケウルフFw190A戦闘機。(MHI)

年のフランス戦、1941年から1942年の独ソ戦を戦った歴戦の師団である。通常編制の戦車連隊に加え、同師団には第7戦車連隊の第3大隊として、ティーガー重戦車を装備する第501重戦車大隊が追加されていた。第21戦車師団は、カセリーヌ峠の戦いを前にした1月遅くに第5戦車軍の指揮下に移され、戦力再建を進めながらスファクスの守りについた。同師団は装備戦車をすべて第15戦車師団に譲り渡し、チュニスで創設されたグリュン戦車大隊と、それまでは第90軽師団と呼ばれた第190戦車大隊により、戦車戦力の更新が図られた。イタリア軍の「スペルガ」師団は、1940年のフランス戦に参加した部隊であり、その後、強襲上陸戦師団として再編されていた。1月末の時点で、チュニジア橋頭堡のアルニム軍の兵力は、ドイツ軍74,000名、イタリア軍26,000名を数えたのである。

ロンメルのアフリカ戦車軍は、リビア作戦の末期にドイツ・イタリア戦車軍（Deutsche-Italianische Panzerarmee, DIP）を改称したものであり、編制表上ではアルニム軍よりも戦力で優っていたが、エル・アラメインの敗北と続くリビア領内を抜けての退却戦による損耗で、実際の戦力は低かった。ドイツ軍総兵力は30,000名であったが各師団は大きく戦力を激減させており、集成戦闘団として戦うことのほうが多かった。イタリア軍の主力は第131「チェンタウロ」戦車師団と4個歩兵師団およびサハラ集団で、1月半ばの時点での兵力は48,000名であった。「チェンタウロ」戦車師団はイタリア軍の最良の戦車師団のひとつであり、バルカンで戦ったのち、北アフリカのリビアへと転戦した。チュニジア戦の段階では、戦車戦力は1個大隊程度にまで減少していた。ロンメルの手にあった戦車は独伊軍を合わせても130両であり、可働戦車数は60両にも届かなかった。しかもその半数は旧式のイタリア戦車という惨状であった。

1月19日から20日にかけての夜間に、ロンメルがタルーナ・オムの陣地の撤収を命じスファクスに臨時司令部を移したことで、在北アフリカの二大枢軸軍をチュニジア橋頭堡において統合する用意が整った。その統合の過程で、ロンメル軍の優良な部隊は、前線を離れて再建を期するために、中央チュニジアのアルニム軍へと移された。アルニム軍の集結は完了しておらず、展開予定の部隊は輸送手段の到来を待って、シチリアやイタリアのあち

チュニジアでデビューした新兵器のひとつが、PaK.40・75㎜対戦車砲である。米軍の非力な37㎜対戦車砲に比べ、はるかに強力であった。写真の砲は、1943年2月始めに、ガフサ近郊で捕獲されたもの。(MHI)

こちで待機中であった。ヒットラーはチュニジアのドイツ軍兵力を14万名にまで強化することを目論んでいた。しかし同じ時期にスターリングラードでの戦況が悪化したことで、北アフリカへの増援は局限されることになった。

　リビアで大損害を喫した結果、イタリア軍は在チュニジア枢軸軍の中で少数派となっていた。イタリア軍はこうした衰退しつつある国家に典型的な、各種の問題を露呈していた。イタリア軍の標準戦車であるM14/41は、薄い装甲と貧弱な火力をもつ軽戦車にすぎなかった。イタリア砲兵は見かけこそ古臭かったが、まずまずの働きを示した。しかし対戦車火力においては、旧式の47㎜対戦車砲を中核としていたために、最新の連合軍戦車には歯が立たなかった。ケッセルリングはイタリア軍をして、展示演習用に訓練されたものであり実戦向きではないと苦々しく評した。イタリア軍の歩兵訓練は旧態依然としたもので戦場の現実からはかけ離れており、時代遅れの戦術ドクトリンを基礎としていた。将校と兵士の関係は中世の遺風を残しているため、戦友意識に薄く、任務達成の意欲を共有することもなかった。ドイツ軍では将兵の強固な紐帯と任務への意思の共有とは、軍人精神の根幹をなすものである。それでも、一部のイタリア軍は平均よりもはるかに優れているとみなされた。ドイツ軍のイタリア戦車隊への評価は良かったが、それはイタリア戦車隊が悩みの種である伊軍歩兵軍団から切り離されて、ドイツ軍団の指揮下に置かれていたこともあったのだろう。特別編成部隊である、ベルサグリエリや「青年ファシスト（ジョヴァンニ・ファシスティ）」の評価も高かった。イタリア軍も戦訓を取り入れて、訓練の改善と戦術の改良を続けてはいた。しかし盟邦ドイツが先見性を欠いていたことで、その兵器体系だけは脆弱なままに置かれた。伊軍装備近代化のために、1941年にソ連軍から鹵獲した膨大な量の兵器があてがわれることはなく、また優れたドイツ製兵器

のライセンス生産も認められることも無かった。つまりドイツ国防軍は、イタリア軍の欠陥を無視し続けることで、自ら危機を招いていたのである。在チュニジアのイタリア軍の戦闘能力は、疑いなく1940年のエジプト戦や1941年のリビア戦当時よりも、はるかに改善されていた。しかし枢軸軍の戦線配置にあって、イタリア軍が弱点であることには変わりは無かったのである。

　ロシアに大兵力を送る必要があったことから、アフリカ急派のドイツ軍では兵数よりも兵器の質が重視された。チュニジアのドイツ軍は、エリート部隊である戦車、自動車化歩兵、空軍部隊の比率が、これまでに無く高かった。ドイツ戦車の戦闘力は、1943年の時点では連合軍戦車と拮抗していたが、主力であるⅢ号戦車、Ⅳ号戦車共にすでに長砲身化が進行していた。チュニジアはまた、ティーガー重戦車、ネーベルヴェルファー多連装ロケット砲、PaK.40型75㎜対戦車砲といった、数々の新兵器が西方連合軍に対してデビューを飾る場ともなった。チュニジアに投入されたドイツ軍のほとんどは、戦闘経験を持ち歴戦で鍛えられた部隊であった。まさにこのとき、ドイツ国防軍はその戦闘能力の絶頂期にあったのである。

　在チュニジアの疲弊しきったロンメル軍の再建の行方は、枢軸軍のもつ地中海を経由してのチュニジア橋頭堡への兵站能力の成否にかかっていた。アルニムの原案では、必要補給量は月当たり5万トンとされていたが、のちに6万トンに修正された。1942年末時点での海上輸送能力は、40隻の商船隊を主力に、20隻のジーベル型海軍フェリー、1942年11月に南フランスから接収されたフランス輸送船によって補われていた。英軍潜水艦と攻撃機が跳梁したことで海路は常に脅かされていた。1942年12月に実施された127回の輸送ミッション中に、26隻の枢軸軍艦船が沈められ9隻が損傷を受けた。捨て鉢になった枢軸軍は、さらに多くのフェリー、小型の沿岸船艇といった多種多様な船舶に加え、フランスの河川フェリーまでをもかき集めて投入した。海上輸送の危険を避けるために、ドイツ空軍は地中海戦域の輸送体制を再編した。これにより平均して200機のJu52三発輸送機と15機のMe323型ギガント大型グライダーが使用可能となり、シチリアと南イタリ

ドイツ・アフリカ軍団の装備した強力な対戦車砲のひとつがPaK.36(r)・76.2㎜対戦車砲である。元々は1941年に大量に鹵獲されたソ連軍の師団砲であり、対戦車砲として使用された。写真の砲は第13機甲連隊第2大隊のM4戦車に破壊されたもの。3月17日、セネド駅への進撃中の撮影。（NARA）

ドイツ対戦車砲の中でもっとも有名なのは、88mm高射砲である。大遠距離での絶大な火力を買われ、しばしば本来の任務とは異なる対戦車砲として用いられた。(MHI)

アから日量585トンの空輸能力が加算されることになった。1942年11月から1943年1月までのチュニジア橋頭堡の増強期間中、総計で81,222名のドイツ軍と30,755名のイタリア軍が、100,594トンの補給物資とともにチュニジアへと送られた。その中には、戦車428両、車両5,688両、火砲729門が含まれた。月間輸送量は1943年1月に頂点に達し、36,326トンを記録した。内15パーセントは空輸によるものであった。しかし、連合軍の妨害作戦により輸送量は減少し始め、4月には枢軸軍の必要量の半分にも届かない23,017トンにまで急減したのである。

　チュニジア戦域におけるドイツ軍の数少ない優勢な点のひとつには、航空支援能力があげられる。シチリアと南イタリアに航空基地と支援施設の濃密なネットワークが存在したことによる所産であった。枢軸軍と連合軍の双方が、チュニジア上空の制空権の獲得を宣言しえない状況にあって、1943年3月まで航空戦の均衡は枢軸軍有利に進んだのである。

■枢軸軍戦闘序列　チュニジア　1943年1月後半
Axis order of battle, Tunisia, late January 1943

■第5戦車軍
ハンス＝ユルゲン・フォン・アルニム戦車兵大将
第21戦車師団
ハンス＝ゲオルク・ヒルデブラント中将

●フィッシャー軍団戦闘団
ヴォルフガング・フィッシャー少将

火力支援に威力を発揮したsFH18・150㎜榴弾砲。国防軍の重野戦榴弾砲の標準モデルである。(MHI)

第10戦車師団
ヴォルフガング・フィッシャー少将

第334歩兵師団
フリードリヒ・ヴェーバー中将

フォン・ブロイヒ師団
フリードリヒ・フライヘア・フォン・ブロイヒ大佐

第5降下猟兵連隊

●第30軍団
ヴィットリオ・ソーニョ上級大将

第1スペルガ師団
ダンテ・ロレンツェリ中将

第47擲弾兵連隊
ブーゼ中佐

第50特別旅団
ジョヴァンニ・インペリアリ・ディ・フランカヴィラ少将

在チュニジアのイタリア砲兵はまずまずの能力を有していたが、装備が旧式であった。写真は、シュコダ社製104/32 mod.15・カノン砲で、第一次大戦時にオーストリア・ハンガリー帝国軍から捕獲したものである。1943年にチュニジアで戦った第30軍団には35門が配備された。（NARA）

革新的兵器のひとつである15センチ・ネーベルヴェルファー 41型ロケット砲。ロケット燃焼中の独特の甲高い飛翔音から、米兵はすぐに「スクリーミング・ミーミー」のあだ名を付けた。（MHI）

■ドイツ・イタリア戦車軍
エルヴィン・ロンメル元帥

●ドイツ・アフリカ軍団
ハンス・クラーマー中将

第15戦車師団
ヴィリバルト・ボロヴィーツ少将

第131チェンタウロ機甲師団
ジョルジオ・カルヴィ・ディ・ベルゴロ将軍

第1空軍猟兵旅団

●第20軍団
タデオ・オルランドー中将

第13青年ファシスト歩兵師団
ニノ・ソッツァーニ中将

イタリア軍標準対戦車砲は、写真の47mm対戦車砲であった。1943年の戦場ではもはや時代遅れの兵器であったが、米軍の37mm対戦車砲よりはまだましであった。(MHI)

チュニジアでイタリア軍の用いたこの珍妙な車両は、モトトリコーロ・グッチ500・トリアルツェである。このオート三輪は物資輸送に用いられた。チュニジアの野戦烹炊所での撮影で、出来上がった糧食を前線の部隊へと運ぶところ。(MHI)

第101トリエステ歩兵師団
フランチェスコ・ラ・フェルラ少将

第90軽アフリカ師団
テオドール・グラーフ・フォン・シュポネック少将

●第21軍団
パオロ・ベルナルディ上級大将

第16ピストイア歩兵師団
ジュゼッペ・ファルージ少将

第80ラ・スペチア歩兵師団
ガヴィーノ・ピッツォラート少将

第164軽アフリカ師団
クルト・フライヘア・フォン・リーベンシュタイン少将

サハリアーノ集団
アルベルト・マンネリーニ少将

連合軍
ALLIED FORCES

　チュニジア中部に展開する連合軍は、1943年1月のほとんどを部隊再編に費やした。この地域は当初、ジュアンのフランス軍支隊(DAF)によって確保されていた。1942年11月、ドイツ軍はチュニジア駐屯フランス軍のほとんどを武装解除することに成功した。そのためチュニジアにおけるフランスの軍事的影響力を、仏領北アフリカの別の地点で再興することが求められた。ジュアンには「掩護支隊」が与えられ、東西ふたつのドーサル山地にあって、英軍の右側面を掩護するとともに、テベサ地域をぬけてのドイツ軍のアルジェリア進出を防ぐことが命じられた。最初に配備されたのはG・バレ将軍の「チュニジア駐屯軍最高司令部(CSTT)」で、歩兵5個大隊により構成されていた。1942年12月の後半には、イタリア軍スペルガ師団との戦闘に参加した。ついでアルジェリアとモロッコから兵力がかき集められ、チュニジア駐屯軍最高司令部はしだいに増強された。こうしてL・コルス将軍の第19軍団が誕生した。1943年1月時点での基幹部隊は、ウェルヴェール将軍のコンスタンチン徒歩師団(DMC)で、コンスタンチン一帯の防衛のために集成された師団であった。他の部隊は投入可能になりしだい、チュニジア戦線へと逐次投入された。チュニジア中央部の主力以外にも、南側面の砂漠地帯ではドレ将軍の東サハリアン戦線がパトロールにあたった。同部隊は馬、ラクダ、軽トラックを移動手段とし、地方部隊と外人部隊により編成された。チュニジアのフランス軍は、フランス将校に率いられた精鋭な地方部隊を含んでいた。兵員は現地フランス人社会と外人部隊から徴募された。しかしその最良の時期にあっても、装備状態はヨーロッパの基準からすれば見劣りがした。チュニジア駐屯軍は本質的に、原住民の叛乱から植民地を守る警備

1943年2月のチュニジアで唯一、旧式のM3中戦車を装備していたのは、第1機甲師団の第13機甲連隊第2大隊だけであった。写真はその一両で、カセリーヌ峠戦での大損害の補充に用いられた中戦車の内、約半数がこのM3であった。(NARA)

チュニジアの米軍歩兵対戦車中隊は、旧式の37mm対戦車砲が標準装備であった。この砲ではもはや、新型ドイツ戦車と正面切って戦うのは無理であった。同じ時期、英軍は6ポンド（57mm）対戦車砲を使用している。（NARA）

隊にすぎなかった。1940年の対独講和によりその兵力と装備はさらに制限を受けることとなり、対戦車砲の配備は禁止され、装甲車両もその性能と数を限定されたのである。その結果として、チュニジア駐屯フランス軍は、支援兵器に乏しく、旧式の装甲車両しかない、平凡な歩兵兵器を持つだけの軽歩兵部隊となっていたのである。個々の部隊には優れたものもあったが、師団単位として協働作戦する訓練は受けていなかった。パトロールや襲撃といった任務では優れた働きを見せたが、長期に及ぶ正規戦には適していなかった。いわば一流の闘志をもった、三流の軍隊だったのである。

チュニジアの米軍部隊

アメリカ軍主力部隊で初めてチュニジアで戦ったのは、1943年1月の時点でポール・ロビネット大佐を長とした、第1機甲師団のB戦闘団（CCB）であった。第1機甲師団は3個の戦闘団（コンバット・コマンド）を有し、それらは任務に応じて師団固有の諸大隊を編成したものであった。11月から12月にかけての段階では、B戦闘団だけが投入された。遠くはなれたアルジェリアの策源からでは、1個戦闘団の支援が限界であった。たやすく進んだ上陸作戦とフランス軍との戦闘も簡単に終わったことで、在チュニジアの米軍は慢心して楽観的になっていた。米兵は、自らを世界最高の装備を持つ、世界一鍛えられた精強部隊であると誇り、ドイツ軍なぞ簡単にアフリカから追い落とせると信じていた。だが1942年12月の一カ月におよぶ激戦を経た、ロビネットのB戦闘団はそんな青臭さとは無縁であった。B戦闘団の将兵は、米軍の訓練がうわべを整えただけの、現実からかけ離れたも

チュニジアでは、両軍はともに大規模に地雷原を展開した。銃剣を使って埋設された地雷を探り出した米軍少尉と、傍らで除去にあたる兵士。（NARA）

チュニジアの山岳戦では、高弾道の迫撃砲が大いに威力を発揮した。写真は米軍の81㎜迫撃砲。（NARA）

のでしかないことをすぐに学んだ。ドクトリンと戦術はあまりにご都合主義的であり、装備は1939年ならば良好であったろうが、1943年の水準では見劣りがした。

　1943年前半の米機甲師団の編制は、2個戦車連隊と1個機械化歩兵連隊を基幹としていた。戦車の比重が高いのは機甲師団の主たる任務が、攻勢と戦果拡張にあるとされたことに起因した。第1機甲師団はチュニジアで防勢任務を割り当てられたが、歩兵戦力の少ない機甲師団にはこれはまったく不向きな任務であった。その結果、第1および第34歩兵師団の一部が兵站能力の許す限り、徐々に第2軍団の戦線へと送り込まれることになった。部隊が連隊単位として投入されることはほとんどなく、もっぱら大隊単位で延びきった戦線を守る第1機甲師団の各支隊へと分遣されていった。集中を原則とするそのドクトリンに違えて、第1機甲師団の3個戦闘団は長すぎる戦線に隙間を残さないように、薄く展開させられた。さらに1943年1月に四番目の戦闘団が編成されたことで兵力が薄くなり、状況は一層悪化した。

　1942年11月から12月にかけての戦闘でB戦闘団は戦車を失っていたものの、戦線に投入されていない第2機甲師団から戦車を取り上げたことで、1943年2月初めの時点で、師団はM3軽戦車85両と中戦車202両の完全戦力をほぼ維持していた。師団はドイツ軍からみれば潤沢な装備を有していたが、戦闘経験を積んだB戦闘団を除けば、師団総体ではいまだ未熟であった。この事実は何よりも重大であった。当時の米軍戦術ドクトリンがいまだ実戦で試されていないことを意味していたからである。米軍の機甲ドクトリンはいくつかの点で独特であった。1940年のフランス戦を考察した結果、米軍はドイツ戦車の脅威に対処することをその主たる目的として、特別に戦車駆逐コマンドを創設した。戦車駆逐コマンドは、機甲軍や歩兵とは別個の半ば独立した存在であり、その大隊を独立戦車駆逐集団にまとめ、軍および軍団の直轄部隊として分遣したのである。この発想は戦車駆逐部隊を予備として控置し、ひとたびドイツ戦車の攻勢が開始された時には、大隊群を攻

勢地点へ急行させて集中運用によりドイツ戦車を撃滅するというものであった。このドクトリンには反対する者もあり、また1940年に急いで策定されて以降の、ヨーロッパ戦線における戦術の進化に追いつけずにいた。戦車駆逐車に米軍が見いだした卓越した価値は、他の大国陸軍の認めるところではなかった。さらに評価を下げたのは、チュニジアに投入された大隊が装備していた戦車駆逐車が、3/4トン・トラックの荷台に37㎜砲をボルト止めしただけのものと、第一次大戦時のフランス製75㎜砲をハーフトラックに装備した旧式なものだったことである。また戦車駆逐車の存在は、機甲師団の運用ドクトリンを歪める結果にもなった。戦車駆逐隊がドイツ戦車の攻撃を一手に引き受けるとされたことで、機甲師団は機械化騎兵任務に集中して、戦線に突破口が穿たれた後、後背へ突進して戦果の拡張に邁進することが求められたのである。師団にとって戦車との戦闘は重要任務ではないとされ、事実、1942年版の機甲野戦教範では、その450ページにおよぶ分量中、戦車対戦車の戦闘に関して割かれていたのは、わずか2ページだけであった。訓練と戦術はドクトリンによって形作られる。チュニジアでの戦闘は、そのどちらもが戦場の現実に妥当しえない非現実的なものでしかないことを暴露したのである。

フランス植民地部隊の装備は劣悪であった。写真は1943年2月、ボン・デュ・ファウ近郊を行く仏軍駄載砲兵。（MHI）

チュニジア戦で用いられた米軍装備の質はまちまちであった。歩兵装備は、37㎜対戦車砲を除けば、おおむね良好であった。歩兵は足手まといになる重い装備を望んでいなかったし、そのうえ、すでにレンドリース供与用として米国内で生産に入っていた、火力に優れた英国の6ポンド対戦車砲の配備も拒んでいた。この選択は、1943年の戦闘で重大な問題を引き起こ

チュニジア戦の後半では、米軍砲兵が師団砲兵の火力集中に関して、その能力の高さを実証した。写真にみられる、前進観測班が火力支援指揮の重要要素であった。（NARA）
［訳者注：本書では良いところ無しのオーランド・ウォード将軍であるが、戦前にこの近代的な砲兵指揮システムを完成させるために働いたのが、他ならぬウォードである］

フランス軍はしだいに米国製兵器による装備更新を実施した。写真は、1943年2月12日、チュニジア戦線でフランス兵が操作する105㎜榴弾砲。（MHI）

すことになった。口径2.36インチ「バズーカ」ロケット砲はこのチュニジア戦から配備が始まったのであり、操作訓練を受けた部隊はごくわずかにすぎなかった。第1機甲師団の装備する中戦車はほぼ全車がM4およびM4A1という、英軍呼称であるシャーマンの名のほうで知られた戦車であった。シャーマンが当時、世界で最良の戦車のひとつであることは、広く認められていた。同師団では唯一、B戦闘団のガーディナーが率いる歴戦の第13機甲連隊第2大隊だけが、古風な外見のM3中戦車を一部に装備していた。2個軽大隊の装備したM3およびM3A1軽戦車は、薄い装甲と37㎜砲をもつだけの旧式戦車で、ドイツ戦車を破壊するのは無理難題であった。米軍砲兵は技術的観点からすれば優秀であったが、いかんせん実戦経験を欠いていた。

　1月に入ってチュニジアにおける米軍の任務は大きく拡大された。1943年1月半ば、アルニムの第5戦車軍は東ドーサル山地のフランス軍支配に脅威をおよぼし始め、ピション峠とフォンドゥーク峠を制圧した。戦線を視察したのち、アンダーソン将軍はフランス軍が崩壊の危機に瀕していることを認めた。フランス軍が右側面を確保できるとは信じられなかったので、チュニジアの米軍増強を提議した。アイゼンハワーはこれに同意し、第1歩兵師団の統合、アルジェリアに残る第34師団残部の移動、モロッコからの第9歩兵師団の移転を認めた。2月の第一週をすぎてもなお、第1歩兵師団は、北はメジェズ・エル・バブから南はガフサに至る320キロメートルにおよぶ戦線に、ひろく分散したままであった。その第16歩兵連隊と師団司令部はフランス第19軍団、第18歩兵連隊は英第5軍団、第26歩兵連隊はウセルチア渓谷の第1機甲師団B戦闘団に組み入れられていた。師団の基幹部隊は各地に点在させられただけでなく、その防御地域は著しく広くかつ縦深を欠いたものであった。師団の直接指揮下にあった第16連隊だけでも、36キロメートルの戦線を守っていた。新たに到着した第34師団でも同様の配備の仕方がすすめられた。第168歩兵連隊は1月11日以来、コンスタンチン近くで兵站線の守りにあたっていたが、1月29日からは、ガフサ＝スベイトラ地域を守る第1機甲師団の指揮下に入れられた。また到着したばかりの第133歩兵連隊の2個大隊は2月の前半を通じて、ピション峠とフォンドゥーク峠方面の守りにあてられた。

フランス軍は、なぜモロッコでぶらぶらしている米第２機甲師団をチュニジアに移転させないのか指弾した。しかし、当時のこの戦域の弱体な兵站能力では自ずと展開できる兵力に限界があった。テベサへの鉄道は現状の第２軍団が必要とする補給日量の三分の一しかまかなえなかったので、のこりはトラック輸送に頼らざるをえなかった。トラック輸送隊も数カ月に及ぶ酷使でトラックを損耗しきっており、米国からの新品トラックの到着は早くても２月半ばまで待たなければならなかった。この兵站能力の限界こそが、中部チュニジアに展開する米軍の規模を制限した、主たる要因だったのである。

　アイゼンハワーは中部チュニジア戦線の広がりを鑑み、アンダーソンとフリーデンダールに対し、第１機甲師団を作戦予備兵力として使えるように統合することを命じた。だが、米歩兵部隊の到着が完了していなかったので、ファイド〜カセリーヌ峠戦の前に、師団統合を終えることはできなかった。アンダーソンは、米軍戦域は比較的穏やかなままおかれる一方で、敵の主たる作戦行動は北チュニジアを守る英第１軍と、その反対側の、モントゴメリーに追い立てられたロンメル軍が退却してくるチュニジア〜リビア国境線で生起されるものと構想していた。だがじきに明らかになったことだが、ロンメルはそれと異なる作戦案をもっていたのである。

連合軍戦闘序列、中部〜南部チュニジア　1943年1月後半
Allied forces, Central-Southern Tunisia , late January 1943

■第19軍団（フランス軍）
ルイ＝マリー・コルス将軍

チュニジア駐屯軍最高司令部
ジョルジュ・バレ将軍

コンスタンチン徒歩師団
ジョゼフ・E・ウェルヴェール将軍

■第２軍団（米軍）
ロイド・フリーデンダール少将

第１機甲師団
オーランド・ウォード少将

第１歩兵師団
テリー・アレン少将

第34師団
ラッセル・ハートル少将

フランス植民地部隊は、現地フランス人とアラブ人社会から徴募され、フランス人将校の指揮を受けた。写真は1943年5月9日に撮影された仏軍グム部隊の将校たち。部隊の多様な文化背景を示すように、その服装はまちまちである。左端の大尉は、スパーヒー（アルジェリア人騎兵）のガンドゥーラ（貫頭衣）に仏軍のベレー帽、右隣の将校はウール地のジェッラーバ（頭巾付き長衣）にチュニジア風キャップ、その隣は仏軍サハラ軍服にサハラ中隊を示すライトブルーのケビ帽。右端の将校は、フランス警察帽にイタリア軍から分捕ったサファリジャケットを着用している。（NARA）

両軍の作戦計画
OPPOSING PLANS

　チュニジア中央部の戦いの性格を決定づけたのは地理である。とりわけ山地（現地語でdjebels）の存在は大きかった。海岸平地のすぐ西には、チュニスから南のマレト防衛線に向かって東ドーサル山地が延びていた。急峻な山地をぬける道は、スース＝スベイトラ道ではピションとフォンドゥーク、スファクス＝スベイトラ道ではファイド、南ではマクナシィといった主要な峠で扼されていた。東ドーサル山地の向こう側には、隣国アルジェリアに延びるアトラス山脈へ連なる西ドーサル山地があった。この山地にもいくつかの緊要な峠があり、カセリーヌ峠は連合軍のアルジェリアにおける重要な兵站基地であるテベサへと通じていた。ドイツ軍の攻勢作戦計画は、つねにこの地理的要件を念頭に立案された。当初、ケッセルリングは、地中海沿岸のボーヌからテベサを経て、通行困難なジェリド塩湖へと走る、縦深のある防御線を築くことを望んでいた。その実現の可能性が無いことはすぐに見てとれ、かわりに西ドーサル山地の東斜面に防御線を敷くのが適切だと思われた。しかし1942年後半の時点ではそれを可能とできる兵力はなく、1943年1月に実際にドイツ軍の敷いた防御線は東ドーサル山地の東斜面を走る、戦略的縦深を欠いたものでしかなかったのである。枢軸軍の戦力配置はバーベルのような両端の重い形となった。北には第5戦車軍、南にはマレト防衛線沿いに独伊戦車軍が展開し、中央部には言うに足る兵力が置かれていなかった。ドイツ軍の最大の弱点はまさにこの中央部であった。連合軍が積極的攻勢に出てスファクス近傍で海に達してしまえば、アルニム軍とロンメル軍は分断されてしまうのである。1943年に入るまでは、中央チュニジアを制していたのは弱体なフランス軍だけであり、さしたる脅威は存在しなかった。しかし、強力なアメリカ軍が到着としたことにより事態は一変。ケッセルリングとアルニムの心中には、スファクス回廊沿いの米軍の突進に対する憂慮が頭をもたげてきたのである。

準備行動：セネド駅からファイド峠へ
PRELIMINARY MOVES: FROM SENED STATION TO FAÏD PASS

　1943年2月に形を成していった両軍の作戦計画は、1943年1月末の数日間に双方において実施された一連の襲撃と妨害攻撃の結果を基にしていた。ケッセルリングとイタリア軍最高司令部は、アルニムに対して大攻勢を発起して、ファイド峠を制して、ガフサ盆地を占領、さらにテベサの米軍策源を攻略することを望んでいた。しかし期待に反してアルニムは1943年1月24日付で、より限定的な妨害攻撃の実施を命じた。それ以上の攻勢を実施可能な兵力が無いというのがその理由であった。アルニムの作戦構想では、第5戦車軍のいくつかの小規模な戦闘団をもってファイド地区のフラ

ンス軍守備隊を攻撃することにのみ限定し、これをもってこの緊要な峠を通過してのスファクスを目指す連合軍の攻勢発起を阻害するものとされていた。これとほぼ同時期、米第2軍団長フリーデンダール将軍は、軍団が集結を完了して大攻勢が可能となるまでドイツ軍に態勢を整えさせないよう、時間稼ぎの襲撃を実施することを目論んでいた。そこで、のちにマクナシィの重要な道路合流点を攻略するための礎として、C戦闘団に対しセネド駅の攻撃奪取が命じられた。

先手を取ったのは米軍であった。C戦闘団は微弱な抵抗を排してセネド駅を奪取した。フランス軍指揮官らはフリーデンダールに対して、北で峠を守る弱体なフランス軍への米軍増派を嘆願した。しかしフリーデンダールは計画通りにマクナシィを攻撃することが、ドイツ軍の注意を遠く南へと引きつけることから、間接的に峠を守ることになるとして要請を却下した。だが襲撃は実施されずに終わった。この間にアルニムがファイド地区への攻撃を開始したのである。

枢軸軍の攻撃部隊はドイツ第21機甲師団を主力とし、ファイド峠制圧後の占領にあたるイタリア第50特別旅団により支援されていた。峠はフランス第2アフリカ狙撃兵連隊（RTA）の1個大隊により守られていた。さらに南に10キロメートルほど離れたルバウ峠を、第3ズアブ連隊の1個大隊が固めていた。これらの部隊は第67アルジェリア砲兵連隊（RAA）の75㎜砲と少数の対戦車砲の支援を受け、さらに第一次大戦の遺物であるルノーFT軽戦車の1個小隊までもが与えられていた。

プファイファー戦闘団のファイド峠攻撃は、1月30日0400時（午前4時）に、イタリア軍のセモベンテ突撃砲8両を先頭に立てて開始された。最初の攻撃は、フランス軍砲兵に少なくとも3両のセモベンテが破壊されたところで頓挫した。第5戦車連隊第1中隊の戦車を含むより重装備のグリュン戦闘団は、ルバウ峠の第3ズアブ連隊を破り、反対側からファイド峠を封鎖した。正午の時点で、第2アフリカ狙撃兵連隊（RTA）は、ドイツ軍2個戦闘団により挟み撃ちとなっていた。

ドイツ軍攻撃開始の報に接し、フランス師団長ウェルヴェール将軍はシジ・ブ・ジッドへと走り、米第1機甲師団A戦闘団長のレイモンド・マクィリン准将に戦闘介入を懇願した。あまりにも硬直した指揮体系が確立されていたので、マクィリンはフリーデンダールと無電で話し、指揮系統を遡ってアンダーソン将軍にこの要請を申し送るように伝えた。0900時（午前9時）近く、アンダーソンは「ファイドの状況回復」を命じ、フリーデンダールは「スベイトラの防御が手薄とならない」ことを条件に、マクィリンにファイドへの部隊の移動を許可した。マクィリンはこの一文を、スベイトラの防御を弱めるほどの大きな規模の部隊の派遣はやめ、最少限の任務部隊（タスクフォース）をもってファイド峠の攻撃に対処すべしと解釈した。准将はファイドとルバウへ向けて2個の偵察隊を派遣した。偵察隊は正午頃、東ドーサル山地の両側で強力なドイツ軍部隊が作戦中との報告を送ってきた。そこでマクィリンは、第26歩兵連隊、第1機甲連隊第3大隊、第701戦車駆逐大隊と支援部隊から、アレクサンダー・スターク大佐とウィリアム・カーン大佐を長とする2個任務部隊を編成した。スターク戦隊はファイド峠、カーン戦隊はルバウ峠の解放へと向けられた。さらに、事前の作戦計画においてマクナシィ攻略にあたることになっていたC戦闘団は、シジ・ブ・ジッドへと送られ2個

任務部隊の攻撃結果をまち待機するよう命じられたが、その日の内に命令は撤回され、当初の計画通りにマクナシィ強襲を実施するものとされた。この混乱のさなか、翌31日となったファイドとルバウに対する反撃失敗の凶報が入った。米軍の反撃兵力は少な過ぎ、また投入が遅すぎた。この間に、ドイツ軍は88mm砲の1個中隊をも含む良好な防御態勢を築いていた。2月1日の反撃もまた、失敗に終わった。この戦局展開を利用するため、アルニムは1月31日、第10機甲師団から戦闘団を増派して、さらに北のピション峠のフランス軍守備隊攻撃にあたらせた。アルニムとすれば、これでスファクス回廊に対する連合軍の脅威は一時的にせよ、取り除かれたのである。

ドイツ軍の戦略
THE GERMAN PLAN

　ファイド峠を巡る戦闘の結果は、続くカセリーヌ峠の戦いの幕を開くかたちとなった。ファイド峠の小競り合いから、ドイツ軍は米軍がきわめて経験に乏しく、その配置が手薄であると確信した。弱体な米軍戦線は脅威であるどころか、絶好の好機を提供していたのである。ファイド峠を首尾よく制圧できたことで、アルニムの関心は第5戦車軍へのより重大な脅威であるチュニジア北部の英第1軍への対処へと導かれた。アルニムは、チュニスへの圧力を減じるためにフォンドゥーク峠へと打って出ることにより、英軍の右側面と南の米仏軍との連絡を危機に瀕せしめることをのぞんだ。この作戦計画には「クックックスアイ（カッコーの卵）」のコードネームが与えられ、2月の初めの数日を使ってイタリア軍最高司令部により検討された。

　1月31日、ロンメルの後任となるメッセ将軍が司令部に着任し、指揮を執る準備を整えた。ロンメルは解任の瀬戸際にあっても、アルニムのものよりも大胆な、去り際に錦を飾る乾坤一擲の作戦を考えていた。モントゴメリーの英第8軍にリビアを追われてからこのかた、ロンメル軍はマレト防衛線沿いに防備を固めていた。この戦線の状況は比較的に穏やかであった。英軍は補給切れをきたしており、兵站線の再整備に時間を必要としていた。ドイツ軍工兵隊がトリポリの港湾施設を破壊してきたのが功を奏したのであり、新たな攻勢に備えてモントゴメリーが補給物資の集積を終えるには数週間が必要と思われた。一方、独伊軍が英第8軍に対して攻勢の冒険に出るには、これといった利得が見込めなかった。独伊戦車軍はあまりにも劣勢であり、モントゴメリーと戦ったところで劇的な大勝利はのぞめなかったのである。ロンメルは攻撃軍強化のための増援を必要としており、さらに何にもまして脆弱な攻撃相手を求めていたのである。戦闘に未熟で分散孤立した米軍の存在は、恰好の攻撃目標を提供することになった。ファイド峠戦以後、ロンメルは米軍を軽侮しており、フランス植民地軍なぞはまったく気に留めていなかった。

　アルニムがファイド強襲でやってみせたように、東ドーサル山地の諸峠を単に封鎖するのではなく、ロンメルはさらに西進してカセリーヌのような西ドーサル山地の重要な峠を奪うことを目論んでいた。こうすれば、ドイツ機械化部隊のアルジェリア進出の脅威を見せつけることになり、カセリーヌ峠を経由して連合軍の補給中枢として機能しているテベサの兵站基地を潰すこともできる。もしくはタラを経由して進出し、チュニジア北部の英第1軍を孤立させることも可能となる。おそらくロンメルは、こうした劇的大転換をもた

41頁へ続く

■戦略概況 1943年2月10日

■チュニジア中部での前哨戦　1943年1月30日〜2月3日

■錯綜する作戦案 1943年1月30日～2月20日

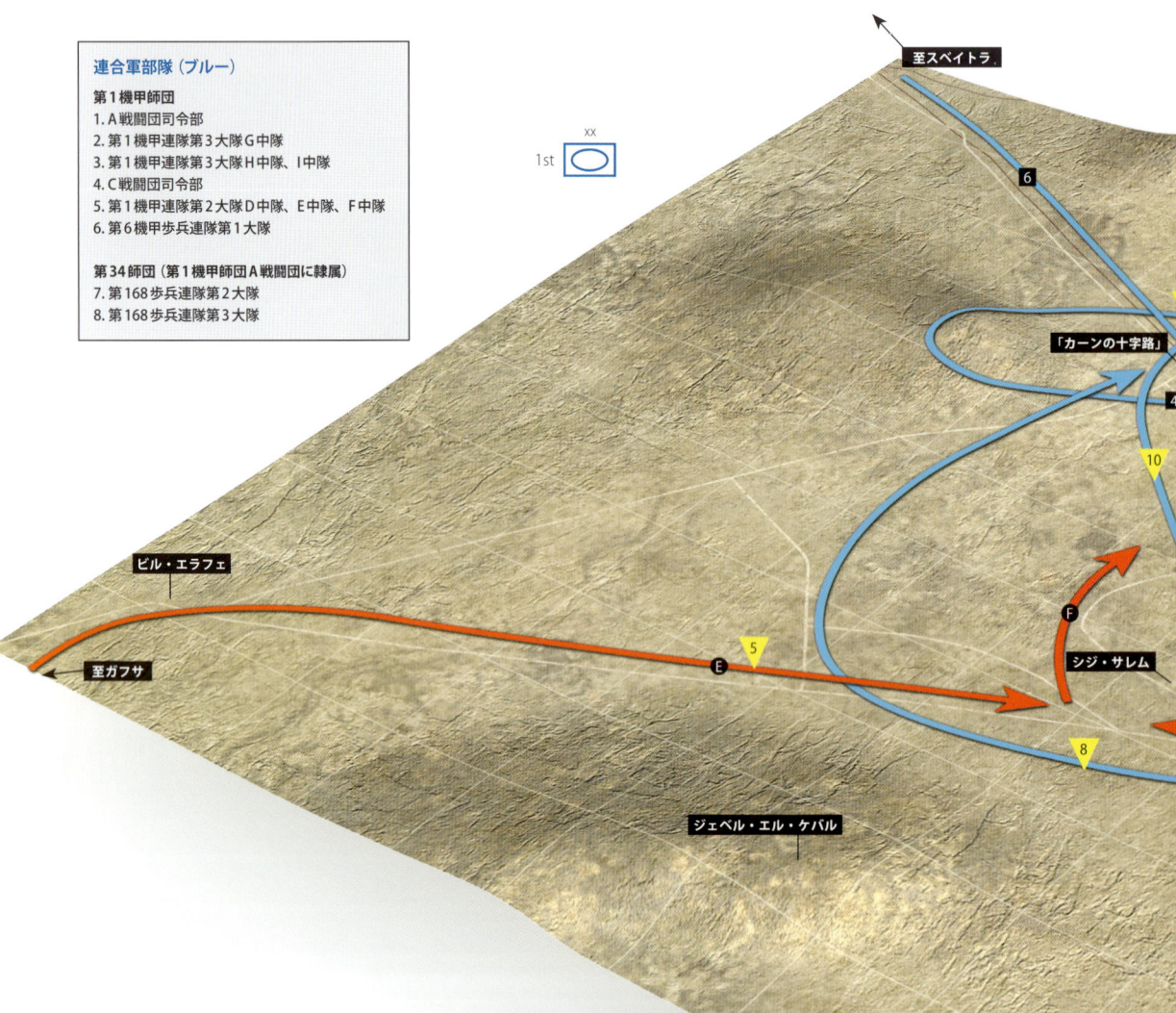

連合軍部隊（ブルー）
第1機甲師団
1. A戦闘団司令部
2. 第1機甲連隊第3大隊G中隊
3. 第1機甲連隊第3大隊H中隊、I中隊
4. C戦闘団司令部
5. 第1機甲連隊第2大隊D中隊、E中隊、F中隊
6. 第6機甲歩兵連隊第1大隊

第34師団（第1機甲師団A戦闘団に隷属）
7. 第168歩兵連隊第2大隊
8. 第168歩兵連隊第3大隊

▼ 作戦の進展

1. 2月14日砂嵐の中、第10戦車師団はファイド峠から出撃した。ライマン戦闘団は南へと進み、シジ・ブ・ジッドを目指した。
2. 丘の上の米軍を孤立させ、背後の砲兵陣地を蹂躙するために、ゲーラハルト戦闘団は迂回機動しジェベル・ルスーダを回り込んだ。
3. 第1機甲連隊G中隊はジェベル・ルスーダから打って出たが、第10戦車師団に撃退された。
4. メジラ峠から北へと進んだ第21戦車師団のシッテ戦闘団は、ジェベル・クセラとガレ・タジド間の涸れ谷に到達。正午頃に米軍守備隊を二分した。
5. 早朝、メジラ峠を進発した第21戦車師団のシュテンクホフ戦闘団は、ジェベル・エル・ケバルの北西斜面を大きく迂回し、1400時頃にシジ・ブ・ジッド外縁に到達した。
6. 午後に入り退却許可要請を拒絶されたことで、ドレイク大佐は第168歩兵連隊第3大隊の一部を、ジェベル・クセラからより防御に適したガレ・タジドへと移した。
7. 午前中の中頃、ハイタワー中佐は第1機甲連隊のH、I中隊を率いて、ジェベル・ルスーダ方向へと前進した。第10戦車師団先鋒を相手に大きな犠牲を払いながら遅滞戦闘を展開したが、ついには敵に圧倒された。
8. 正午少し過ぎ、第1機甲師団A戦闘団司令部は、差し迫った包囲を避けるためにシジ・ブ・ジッドを出て、スペイトラへの道路上にある「カーンの十字路」へと移った。
9. 2月14日一日を通じて、フリーデンダール将軍は反撃のための増援兵力を、「カーンの十字路」方面へと移動させた。
10. 米軍の反撃は、2月15日1240時に開始され、アルジャーの第1機甲師団第2大隊が先頭に立ち、第6機甲歩兵連隊第1大隊がこれに続いた。
11. 米軍接近の報を受けたツィーグラー将軍は、シジ・サレム周辺数カ所の果樹園に隠れていた対戦車砲部隊に警報を発した。次いで進撃する米軍を包囲するために、第4、第21戦車師団から戦車を繰り出した。
12. アルジャーの戦車大隊はアウド・ルーアナのワジ（涸れ谷）で待ち伏せされ、部隊は姿を隠した対戦車砲の射撃と、ドイツ戦車の挟み撃ちに合い、午後遅くに全滅した。陽が落ちてようやく、第6機甲歩兵連隊第1大隊が「カーンの十字路」へと命からがら脱出した。

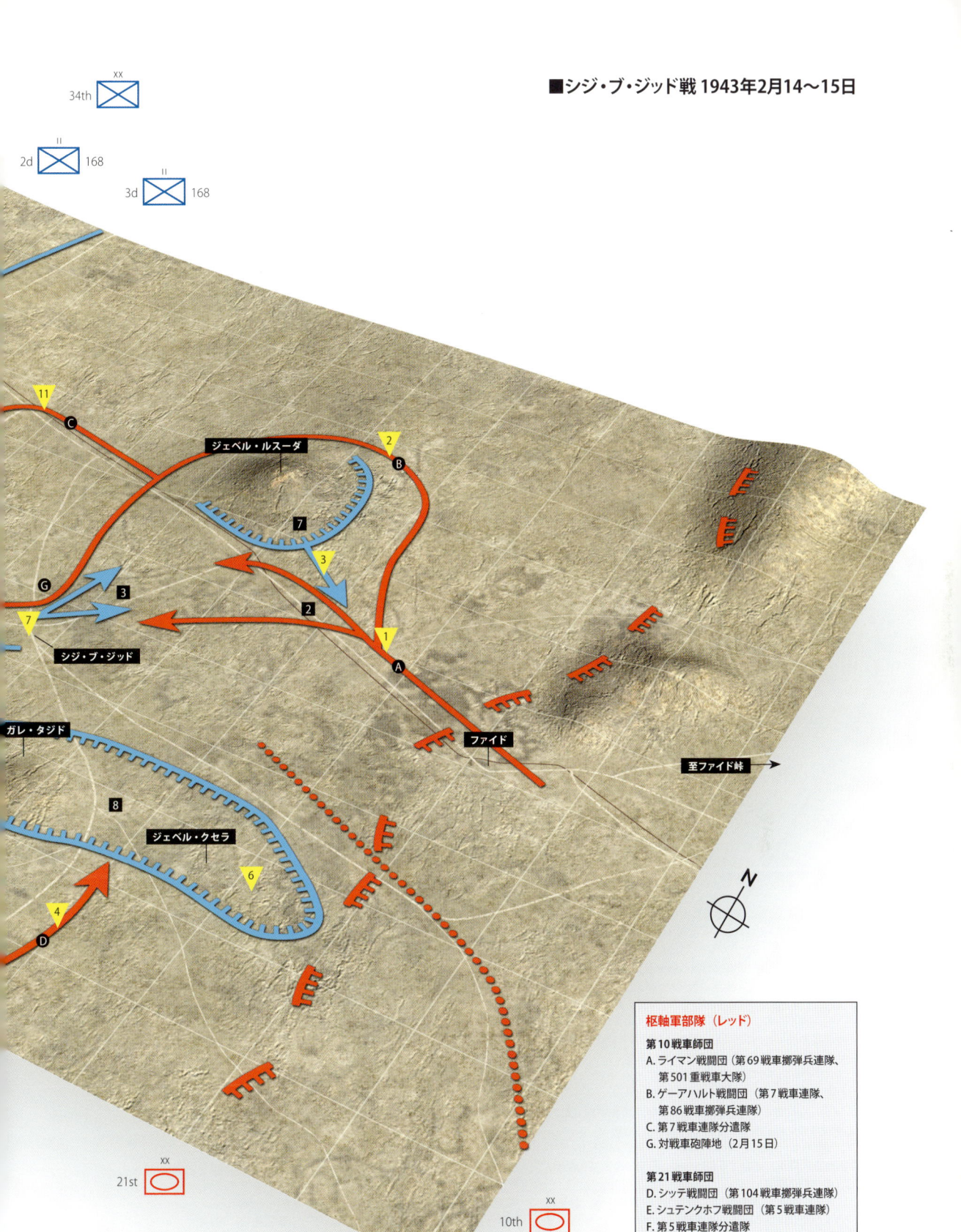

■シジ・ブ・ジッド戦 1943年2月14～15日

枢軸軍部隊（レッド）

第10戦車師団
A. ライマン戦闘団（第69戦車擲弾兵連隊、第501重戦車大隊）
B. ゲーアハルト戦闘団（第7戦車連隊、第86戦車擲弾兵連隊）
C. 第7戦車連隊分遣隊
G. 対戦車砲陣地（2月15日）

第21戦車師団
D. シッテ戦闘団（第104戦車擲弾兵連隊）
E. シュテンクホフ戦闘団（第5戦車連隊）
F. 第5戦車連隊分遣隊
G. 対戦車砲陣地（2月15日）

37

連合軍部隊（ブルー）

米第2軍団
1. 第19工兵連隊
第1機甲師団
17. B戦闘団
4. 第6機甲歩兵連隊第3大隊
15. 第6機甲歩兵連隊第2大隊
16. 第13機甲連隊第2大隊
第1歩兵師団
2. 第26歩兵連隊第1大隊
13. 第16歩兵連隊第2大隊
14. 33野戦砲兵大隊
第9歩兵師団
5. 第39歩兵連隊第3大隊
12. 師団砲兵（第34、第60、第84野戦砲兵大隊、第60加農砲中隊）

英第5軍団
第6機甲師団
9. 「第2/5レスター」連隊
10. 「第16/5槍騎兵」連隊（支隊）
11. 「第2ハンプシャー」連隊（中隊戦力）
第26機甲旅団
3. ゴア部隊
6. 「第17/21槍騎兵」連隊
7. 「第10王立バフ」連隊
8. 「第2ロジアン」連隊

▼ 作戦の進展

1. 2月20日0600時、第33偵察大隊は峠の西肩部分を突進しようとしたが阻止され、ジェベル・シャンビ山麓の丘陵群に入った。
2. 2月20日0930時、アフリカ戦車擲弾兵連隊がトラックを降り、ジェベル・センママ山麓の丘陵群への突撃を開始。
3. 第19工兵連隊の両側面を固めるために、第39歩兵連隊の1個大隊が到着。
4. タラ道掩護のために英第26機甲旅団のゴア部隊が到着。その側面を第6機甲歩兵連隊第3大隊が支援。
5. 第10戦車師団の戦闘団が到着。2月20日1630時、アフリカ軍団戦闘団と合流、調整攻撃を開始。
6. 道路沿いに守っていた米戦車と戦車駆逐車が壊滅。第19工兵連隊の防御態勢は2月20日の晩早くに崩壊。
7. アフリカ軍団戦闘団の前衛を務める伊チェンタウロ師団の1個戦車大隊が、道路上を駆け下る。日没時にはブ・シェブコ峠の出口に到達。
8. 2月20日の晩、第10戦車師団がゴア部隊を圧倒。峠を見下ろす丘陵に、第6機甲歩兵連隊第3大隊、第16歩兵連隊第1大隊が包囲される。
9. 2月21日0500時、チェンタウロ師団の先鋒が、B戦闘団の前進外哨と接触。前進外哨は黎明時に退却。
10. アフリカ軍団戦闘団の残部が、北部の峠へ前進。1630時に攻撃を開始したが第1機甲師団B戦闘団により撃退される。
11. アフリカ軍団戦闘団がB戦闘団の迂回を試みる。だが夜間行軍であったため、アフリカ戦車擲弾兵連隊が進路を誤り、別の丘に到達。戦闘団が分散する。
12. アフリカ軍団戦闘団の機甲部隊は峠の南の入り口で出撃準備を整えたが、2月22日の行動で部隊が分散したために、B戦闘団への攻撃を中止。1415時、退却を開始。
13. 2月21日午前、第10戦車師団が第26機甲旅団の外哨陣地に到達。
14. 1600時、第26機甲旅団の第二次防御線が突破される。
15. ドイツ軍は捕獲したヴァレンタイン戦車を使って、第26機甲旅団の最終防御陣地に突入。日没後に乱戦が始まる。
16. 2月22日0700時、タラ突入を目指す攻撃が開始。英軍の激烈な抵抗と新たに到着した米第9歩兵師団の師団砲兵による猛烈な弾幕射撃で撃退される。ドイツ軍は午後に退却を開始。

■カセリーヌ峠 1943年2月20～22日
ロンメル攻勢、カセリーヌ峠にて阻止さる
注：図上のグリッドの一辺は3.2キロメートル（2マイル）

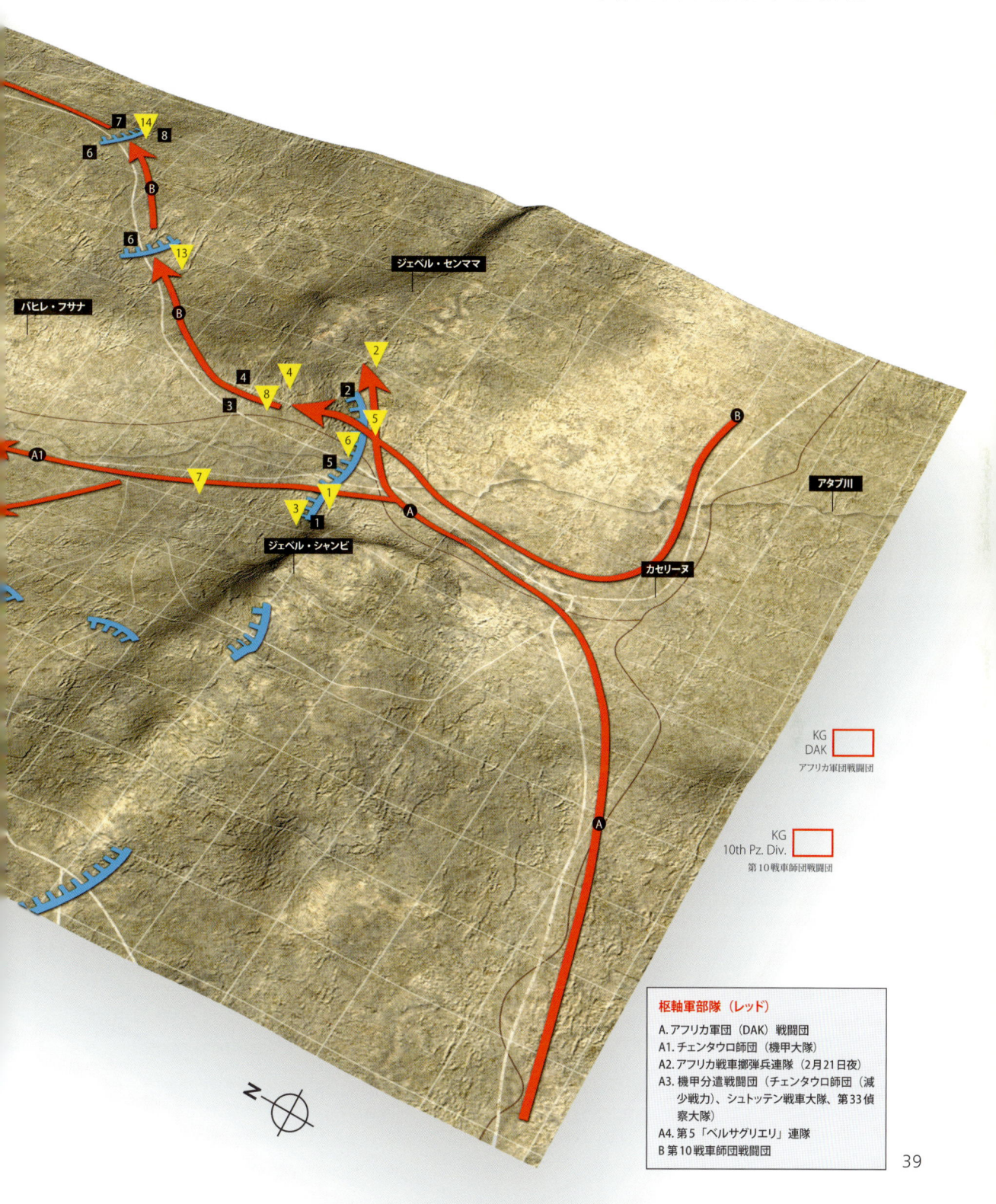

ジェベル・センママ

バヒレ・フサナ

アタブ川

ジェベル・シャンビ

カセリーヌ

KG DAK
アフリカ軍団戦闘団

KG 10th Pz. Div.
第10戦車師団戦闘団

枢軸軍部隊（レッド）
A. アフリカ軍団（DAK）戦闘団
A1. チェンタウロ師団（機甲大隊）
A2. アフリカ戦車擲弾兵連隊（2月21日夜）
A3. 機甲分遣戦闘団（チェンタウロ師団（減少戦力）、シュトッテン戦車大隊、第33偵察大隊）
A4. 第5「ベルサグリエリ」連隊
B 第10戦車師団戦闘団

■シジ・ブ・ジッドにおける、第1機甲連隊第2大隊の突撃、1943年2月15日

　1943年2月15日シジ・ブ・ジッドでおこなわれた、第1機甲師団第1機甲連隊第2大隊による戦車突撃は、軍事的失敗のケーススタディーの恰好の一例である。2個の経験の浅い大隊が、すでに陣地を掘って待ち構えていたドイツ軍の歴戦の2個戦車師団に、平坦でだだっ広い砂漠を横切って差し向けられた。結果は火を見るより明らかであった。特筆するにたる戦術がとられたわけではなかった。アルジャーの大隊は、シジ・ブ・ジッドの近くのどこかでドイツ軍と衝突することを意図して、騎兵突撃よろしくまっしぐらに突き進んだのであった。第1機甲師団第2大隊はこれが初陣で、残りの第1機甲師団の諸隊と同様、戦域展開が急がれたために、モハーヴィー砂漠の砂漠戦訓練センターにおける、戦車戦の戦術訓練を受けていなかった。巻き上げる砂塵を最少とするために、ドイツ軍がゆっくりと機動したのに対し、アルジャー大隊はドイツ軍陣地へと通常の速度で進んだ。そのため、ドイツ軍対戦車砲砲手の目には、米軍戦車がしっかりととらえられた。しかも僚車の蹴立てた猛烈な砂塵の雲で米軍戦車兵は周囲に潜む危険を察知することができなかったのである。米軍戦車は、左にD中隊、中央にE中隊、右にF中隊とアルファベット順に並んで、大まかなV字形攻撃隊形をとった。両翼の中隊はドイツ軍が迂回機動をとっていることを視認したが、脅威を認識したその時点で、すでに先頭戦車は周辺に点在するオリーブ畑に擬装して身を潜めたドイツ対戦車砲の有効射程内に入っており、すぐに火蓋が切られた。ドイツ軍はアルジャー大隊の両側面に各1個戦車大隊を送り、罠に落ちた戦車隊を三方向から容赦なく叩いた。アルジャー部隊は19両のドイツ戦車を撃ち取ったと主張している。だが罠を逃れることができた米軍戦車はたったの4両だけであった。これらは攻撃部隊の後尾にあって、大隊が罠に落ちた時点で、第6機甲歩兵連隊第1大隊をつれて「カーンの十字路」まで戻ったものである。

　イラストは、突進する米軍戦車が、ドイツ軍対戦車砲火にとらえられた瞬間をあらわしたものである。第1機甲師団第2大隊は、M4（1）とM4A1（2）中戦車を混成装備していた。ほぼ同じ仕様の戦車であるが、M4が溶接式上部車体を使用していたのに対し、M4A1は鋳造式上部車体であった。M4は当時、装甲、火力、機動力の三つのバランスがうまくとれた優れた戦車であった。ライバルであるドイツ軍のⅣ号戦車F型とは性能的に互角であり、ドイツ戦車の主力であるⅢ号戦車に対しては優っていた。第10戦車師団はシジ・ブ・ジッド戦にティーガー重戦車大隊を伴っていたが、2月15日の戦闘には参加していない。ティーガー重戦車は2月14日のハイタワー大隊の殲滅にはかかわっており、当日20両のシャーマンを破壊したとしている。ティーガーはM4をはるかに凌駕していたが、チュニジア戦に参加したティーガーの数は少なかった。M4の砲塔には中隊マーキング（3）、車体側面には車両番号（4）が記されている。

らす勝利が達成される公算は、小さいと判っていたであろう。だがこの攻勢を開始すれば少なくとも未熟な米軍に出血を強い、チュニジア橋頭堡とマレト防衛線のドイツ軍強化のための時間稼ぎが可能となる。ロンメルはわずかでも勝ち目の残る賭けを、あえて捨てる指揮官では決してなかった。ロンメルは勝利を置き土産に北アフリカを去りたかったのである。この攻勢を実現するためには、手持ちの疲弊しきった兵力では足りなかった。計画では、マレト防衛線に歩兵部隊を残し、独伊戦車軍の機動兵力を活用することがのぞまれた。しかもまた、アルニムの第5戦車軍から戦車戦闘団を借り受ける必要があり、これにはローマの承諾が求められた。1943年2月3日、ロンメルはイタリア軍最高司令部に攻勢計画案を提出し裁可を仰いだ。

イタリア軍参謀総長のアンブローシオ将軍は、ロンメルの作戦案に同調的であった。イタリア植民地であるリビアから枢軸軍が早々に撤退してしまったことが、ムッソリーニの政治的名声に暗い影を落としていることを、参謀総長は承知していた。たとえ戦術レベルのものであっても、勝利こそがイタリア政治の危機を救うことができる。ケッセルリングもまた、アフリカにおける大勝利の吉報があれば、スターリングラードにおける2月2日のフォン・パウルス第6軍の最終降伏の凶報を帳消しにできるものとみていた。

2月9日、ケッセルリングは合意に達することを期待して、ガベーにおいてアルニムとロンメルに会談した。アルニムは在チュニジアのドイツ軍には、ロンメルの野心的な攻勢案に割く兵力の無いことを強調した。さらに限定的な攻勢を続けることにより、米軍を出血させ、英第1軍を脅かし続けることができると主張した。ケッセルリングとの議論の末、アンブローシオは2月11日に妥協案を差し出した。妥協案は、ロンメルの指揮する作戦のみに努力を傾注することをやめ、南北においてアルニムとロンメルが相互に補完する個別の作戦を実施するというものであった。アルニムはファイド峠の成功を、「フリューリングスヴィント（春風）」作戦により、シジ・ブ・ジッドへと打って出て米第1機甲師団のA戦闘団を殲滅することで拡大する。ロンメルはふたつ目の妨害攻撃となる「モルゲンルフト（朝のそよ風）」を発起して、96キロメートル南のガフサを奪取することで、マレト防衛線後背の憂いを断つというものであった。ロンメル軍は増援無しではこのような作戦を実施しえなかった。そこでアルニムの第5戦車軍は攻撃開始後、第21戦車師団をロンメル軍に戻し増援とすることとされた。アンブローシオとケッセルリングは、

危険の大きなチュニジアへの海路補給作戦は、大規模な航空輸送作戦によって補われた。ユンカースJu52三発輸送機がその主力であった。写真の破損したJu52輸送機は、1943年5月にビゼルタの飛行場のひとつで撮影されたもの。（MHI）

続く西ドーサル山地への進出に関しては、攻勢の第一段階が完了するまで、当面手つかずに置くことを決めた。「フリューリングスヴィント（春風）」作戦の攻勢発起日に関しては、アルニムに一任された。2月初めの冬の寒く雨の多い天候は、戦場を泥沼に変え、戦車の進撃を阻んでいたのである。

補給状況が逼迫したことで、枢軸軍はあらゆる手段をもってチュニジア橋頭堡の補給にあたった。写真はシチリアからの輸送に用いられたジーベル・ポンツーン式フェリー。（MHI）

連合軍の戦略
ALLIED PLANS

　アイゼンハワーの第2軍団の配備に関する当初の構想は、1943年1月22日に実施が予定された「サテン」作戦としてまとめられた。この作戦は第1機甲師団によるスファクス、ガベーないしはケルーアンに対する機動強襲で、チュニジア北部からのロンメル軍への補給を遮断するのが目的であった。これはドイツ軍にとって最も頭の痛い問題であったが、しかしチュニジア中部に展開する米軍は弱体で、この作戦を実施できるだけの力量が無かった。英軍の上級司令官らは、この種の危険の多い軍事的冒険に対して懐疑的であり、その助言を入れてアイゼンハワーは作戦を中止した。これに変えて、1月半ばに開かれた高級司令官会議でアイゼンハワーは、第2軍団の作戦は基本的に防勢を指向することを明言した。さらに1月20日、フリーデンダールに対して第1機甲師団を機動予備とするよう訓令することで、この方針を再確認した。ドイツ軍によるファイド峠奪取は、この方面での活動は春に予定される攻勢まで塩漬けにするという、アイゼンハワーの見解を裏付けるかたちとなったのである。

　アンダーソンにとっては、第2軍団と中央チュニジア戦線の存在は二次的な意味しか持たなかった。将軍の関心はもっぱら彼の第1軍に属する英軍団が、北部のチュニス近郊においてアルニムの第5軍団を叩きのめすという一点に置かれていた。アンダーソンは冬の天候が好転し始めたならば、マレト防衛線でロンメル軍に対峙するモントゴメリーの英第8軍が作戦を活発化させ、第1軍と第8軍は協同してドイツ軍を包囲し、これを一網打尽にできると確信していた。それまでは、将軍はチュニジア中部の情勢が平穏であることを欲していた。情報部の戦況分析もまた、決戦はチュニジア北部において生起することになるという考えを支持するようであった。ロンドン郊外のブレッチリーパークに置かれた通信傍受解析センターは、アルニムの第5戦車軍が使用している「ドードー」暗号の解読に苦闘していたが、ドイツ空軍とイタリア軍の暗号文からはより簡単に有益な情報を引き出すことができた。1月31日に在チュニジアのドイツ空軍司令官が発した暗号文は、「クックックスアイ」作戦におけるアルニムの構想の一部を詳らかに披露するものであった。アイゼンハワーの情報将校であるE・E・モックラー＝フェリーマン准将は、ドイツ軍の主攻勢はフォンドゥーク峠を進発する第5戦車軍によるもの

であり、これはチュニジア北部の英軍側面に脅威をおよぼすことを目的とすると結論した。

　1943年2月4日、ブレッチリーパークの通信傍受解析センターは、ロンメルのより大胆な攻勢作戦案の暗号解読コピーを、アイゼンハワーの司令部に提出した。しかしモックラー＝フェリーマンは先行する傍受内容の正当性を固く信じており、ドイツ空軍の発信者が、この作戦案が認可済みであると示唆していることをその根拠とした。そしてロンメル情報は将来の作戦案のひとつにすぎないと断定した。そのため、こののちの傍受内容はこの見解を裏打ちするかたちで、偏った解読がなされることになった。2月8日のドイツ空軍の傍受暗号文は、きたる第5戦車軍の攻勢を支援するために空軍部隊の移動があることを示した。2月13日、解読されたエニグマ暗号が、第21機甲師団の司令部が翌日の攻勢発起に備えて、前方に進出中であることを伝えた。モックラー＝フェリーマンはフォンドゥークへの攻撃が差し迫っているとこれを解釈した。准将はこの情報をアンダーソンに申し送り、フォンドゥーク付近の部隊を中心として前線部隊に警報が発せられた。一方でアンダーソンは、ドイツ軍が複数の陽動作戦を実施するものと信じており、中央戦線の米軍を含めた他の部隊にも、ヴァレンタインデーの攻勢に関する警報を発しておいた。

　連合軍情報部はエニグマ暗号がもたらす情報に大きく依存するようになっており、エル・アラメイン戦で解読に大成功を収めて以来、その傾向が顕著となっていた。しかしエニグマ暗号の解読がいかに優れていたにせよ、それで敵の意図の全貌が明らかになることは滅多に無かった。エニグマ暗号を一部でも含んだ情報解析は、ありがちな分析と憶測の所産にすぎなかったにもかかわらず、正確無比な解析として受け取られていたのである。アンダーソンとアイゼンハワーはともに、モックラー＝フェリーマンの解析が誤っていることを見抜けなかった。このとき、戦術情報は、不完全なエニグマ暗号文の解読と相反する分析結果を示していたのに、である。

　この誤った情報がまかり通ったことで、連合軍の司令官はこれといった危機感も無いまま、防御の統合性を高めることをないがしろにして、第2軍団の戦区内で部隊をあちこちへと動かし続けた。アンダーソンは米仏軍を東ドーサル山地の脆弱で分散した陣地から引き揚げ、西ドーサル山地の東斜面に集中させることで防御を固め、部隊を危難から逃れさせることをのぞんでいた。しかしアイゼンハワーの連絡将校であるルシアン・トラスコットは両ドーサル山地の中間部の平原において、前方防御策をとるよう強く主張した。結局のところ、ドイツ軍の攻勢開始前に決着はつかず、そのため米軍部隊は何の準備も無く分散したままにいたのである。

　ルーズベルトとチャーチルに随行してカサブランカ会談への出席を求められたことで、2月の上旬のほとんどをアイゼンハワーはてんてこ舞いの忙しさの中にすごした。2月12日、アイゼンハワーはようやく会議をあとにし、2月13日には検閲のために第2軍団司令部に到着した。状況のまずさにアイゼンハワーはショックを受けた。フリーデンダールはその軍団指揮所を到達に難儀する峡谷内に置いており、軍団直轄工兵を参謀用の防空壕を崖に穿つための発破作業に従事させていた。指揮所の所在地はきわめて後方にあり、道路網からも隔たっていた。アンダーソンは、フリーデンダールとアイゼンハワーとの会談の機会をもつために、この日テベサを訪れた。アンダーソン

はここで、フリーデンダールの情報参謀（G-2）である"モンク（修道士）"・ディクソン大佐に会った。大佐は戦術情報の分析結果によれば、ドイツ軍の攻勢はすぐにもガフサ地区で開始されるとみられ、フォンドゥークではなくファイド地区においても攻勢の始まる懸念があると主張した。エニグマ暗号の解読結果に過度の信頼を置いていたアンダーソンは、この米軍報告を完全に無視したどころか、あとでフリーデンダールに対し、君は「イカれた」参謀将校を抱えているぞ、と警告までしてのけた。北部の司令部に残る参謀が、最新の暗号解読結果がドイツ軍の北部攻勢が差し迫っていることを示したと報告してきたことで、アンダーソンは同日急遽、司令部へと出立した。ディクソンの警報は1943年には無視されることになったが、悲しくも皮肉なことに、そのほぼ二年後、同じディクソンが米第1軍の情報参謀（G-2）を務めていたおりに発した、ドイツ軍が1944年12月にアルデンヌ地区で攻勢に出ることは無いという分析は、今度は悲劇的な誤りとなってしまったのである。

　アイゼンハワーはこの日、前線陣地のいくつかを視察し、その結果、部隊のだらけぶりと準備の欠如に怒り心頭となった。各峠を守る歩兵部隊は地雷原の敷設を実施しておらず、「明日敷設開始予定」とした計画書だけを持っていた。ドイツ軍ならば、地雷の敷設は陣地が決まった二三時間のちには完了しており、あまりにも対照的であった。さらに第1機甲師団の状況はきわめて統制を欠いており、アイゼンハワーの先の訓令に反して、師団の各隊は130キロメートルにおよぶ前線に散らばったままであった。レイモンド・マクィリン准将のA戦闘団は80キロメートル南のスベイトラ付近。ポール・ロビネット准将のB戦闘団は1月19日以来、北部のウセルチア付近にあって、差し迫っていると見込まれたドイツ軍の「クックックスアイ」攻勢に備えて控置され、北部地域の掩護にあたらせられていた。アイゼンハワーの古い友人であったロビネットは、戦線後方に浸透して長距離偵察を実施した結果、この地域でのドイツ軍の攻勢発起の証拠はまったく認められず、戦闘団は無為に控置されていると率直に苦情を訴えた。

　第2軍団の戦略的態勢は著しく劣っていたものの、戦術配置はいくぶんまともであった。フリーデンダールはカセリーヌ峠を制するために、2個任務部隊（タスクフォース）をふたつの山頂に配置することを命じていた。峠を挟むジェベル・ルスーダとクセラは、距離が離れていたために相互に支援することはできなかった。フリーデンダールはのちに部隊配置の詳細に関してアンダーソンを批難したが、部隊配置を精緻にしたところで現実的には無意味であった。米軍の2個増強大隊だけでは、ドイツの2個機甲師団を足止めすることはまったく望めなかった。たとえ良好に配置されたところで、結果は迂回されるか蹂躙されるかしかなかった。これほどの広大な戦線であれば、分散した陣地を支援するためには機動予備兵力が必要である。だが、アンダーソンとフリーデンダールのどちらも、第1機甲師団を集結させて機動予備とすることを命じたアイゼンハワーの1月20日付の訓令にさほど留意していなかったのである

　アイゼンハワーは直ちに、数々の部隊にその欠点を是正するよう、一連の訓令を発した。しかしそれは遅過ぎた。アイゼンハワー一行が第2軍団司令部にもどったその朝、ドイツ軍の攻勢はすでに開始されていたのである。

作戦経過
THE CAMPAIGN

「フリューリングスヴィント(春風)」作戦：シジ・ブ・ジッド
OPERATION FRÜHLINGSWIND: SIDI BOU ZID

　アルニム軍の攻勢は、1943年2月14日の早朝に開始され、シジ・ブ・ジッドに向けての二本の腕による包囲攻撃となった。第10戦車師団はファイド峠を発してジェベル・ルスーダを北西に回り込み、シジ・ブ・ジッドを襲った。一方、第21戦車師団は南のメジラ峠から出撃した。ジェベル・ルスーダのA戦闘団の防御陣地は、第34師団の第168歩兵連隊第2大隊を主力に戦車1個中隊と戦車駆逐車1個小隊が支援に付けられ、パットンの女婿であるジョン・ウォーターズ中佐が指揮していた。同様にシジ・ブ・ジッドの南側の丘、ジェベル・クセラには、トーマス・ドレイク大佐の率いる第168歩兵連隊第

ファイド峠越しに南西方向を臨んだ、攻勢に向かうドイツ軍視点での眺望。地平線の左手には、ジェベル・クセラがそびえている。
(Patton Museum)

3大隊が守りにつき、南からのシジ・ブ・ジッドへの接近を阻もうとしていた。防衛計画は、歩兵の丘陵防御戦闘によりファイド峠から出てくるドイツ軍を押しとどめる間に、シジ・ブ・ジッドにあるルイス・ハイタワー中佐が2個戦車中隊と1ダースあまりの戦車駆逐車をもって反撃に出るというものであった。

　第10戦車師団は、砂嵐にすっぽりと包まれたまま、0400時頃に行動を開始した。先頭を行く戦車は、米軍の小規模な警戒部隊を蹴散らすとともに、丘にあった第1機甲連隊G中隊の小規模な機甲分遣隊も圧倒した。さらに砂嵐にまぎれて進出した2個戦闘団のひとつは、丘の西斜面を回って米軍砲兵陣地を蹂躙した。太陽が昇る頃には、大攻勢が進行中であることは明らかであった。だが砂嵐が邪魔をして、丘の頂上にいる米軍は攻撃兵力を判定できなかった。0730時頃には、ドイツ空軍のシジ・ブ・ジッド大空襲が開始され、街が破壊された。0830時になって砂嵐が収まり始めると、ウォーターズ中佐はようやく進撃するドイツ軍の姿をその目にできた。敵兵力は戦車60両、その他装甲車両20両、他車両多数と見積もられた。同じ頃、ハイタワーも第1機甲連隊のHおよびIの2個中隊のM4中戦車と第701戦車駆逐車大隊の12両あまりの戦車駆逐車をもって、シジ・ブ・ジッドから勇躍出撃した。ドイツ軍との間合いが詰まるにつれ、ハイタワーは敵兵力がとても手におえる規模ではないことを理解し、A戦闘団長のマクィリン大佐に無線で、せいぜいできることは敵の進撃を遅らせること位だと報告した。ハイタワー

ジェベル・ルスーダの攻撃には第501重戦車大隊のティーガー重戦車が支援に参加した。写真はチュニジアの市街地で撮影された第501重戦車大隊第1中隊のティーガーI重戦車極初期型、第1中隊の"142"号車である。1942年11月23日、最初のティーガー3両がビゼルタに到着し、アフリカ大陸上陸をはたした。

1943年2月14日、ドイツ軍攻勢の発起日に37mm対戦車砲を布陣する米軍対戦車分隊。背景には、米軍歩兵大隊が包囲されたジェベル・ルスーダが見える。(MHI)

の戦車隊はジェベル・ルスーダの麓に陣取った88mm砲中隊の射撃にさらされていたし、ティーガー重戦車の88mm砲の遠距離射撃もこれに加わっていた。中佐はシジ・ブ・ジッドを背にしての遅滞戦闘を試みたが、1030時には完全にドイツ軍に捕捉されてしまった。弱小の部隊は撃ち取られ、しだいに消滅していった。ウォーターズと第168歩兵連隊第2大隊の将兵は、ジェベル・ルスーダの上部に孤立した。戦闘の推移に何ら影響を与えることも適わないまま、しばらくは進撃する第10戦車師団からも存在を無視されていたのである。

ジェベル・ルスーダの戦況が定まりつつある中、シジ・ブ・ジッド南側の接近経路からは第21戦車師団の攻撃が迫ってきた。しかし砂嵐はさらに激しく長い時間続いたので、部隊の進撃速度は遅かった。戦車の支援を受けた第104戦車擲弾兵連隊を中核とするシッテ戦闘団は、正午頃、ジェベル・クセラを守る第168歩兵連隊第3大隊の西側へと到達した。第5戦車連隊の大部分を従えたシュテンクホフ戦闘団は、ジェベル・エル・ケバルを回る長いルートを行軍したのち、1400時頃に南西方向からシジ・ブ・ジッドの後背へと出た。

正午には、シジ・ブ・ジッドにおかれたマクィリンの指揮所へと各方向からドイツ軍が迫り、市街は戦車砲の直接射撃下におかれた。ハイタワーは第1戦車師団の進撃を食い止めようと、勇壮だが虚しい奮闘を続ける中で、戦車の半分以上を失っていた。ハイタワー自身の戦車は被弾炎上するまでに、4両の敵戦車を撃破していた。ハイタワーと乗員は戦車を捨て、スベイトラへと徒歩で向かった。44両あったハイタワーの戦車の内、この日生き延びることができたのは7両だけであった。マクィリンはまず司令部要員をのぞいたA戦闘団を撤退させたのち、正午をすぎてすぐに街の西側の臨時指揮所へと退却した。ジェベル・クセラのドレイク隊には脱出の望みが残され

ていたが、1410時、フリーデンダールにより撤退は拒否された。その後司令部との連絡が絶たれたことで、ドレイクは峠の反対側にあってより防御に適したガレ・タジドへ部隊の一部を移した。シジ・ブ・ジッド周辺の状況が潰乱状態に陥ったことで、マクィリンの副官であったピーター・ヘインズ大佐は、スベイトラ近郊の第1機甲師団司令部へと車を飛ばし、ウォード将軍に対して、望みの持てない現在地からのウォーターズとドレイクの撤退を許可するよう懇請した。ウォードは、すでにフリーデンダールが撤退を拒絶したことと、反攻が計画中であることを説明した。フリーデンダールの硬直した指揮スタイルと戦場から遠くはなれたその指揮所が、孤立無援の2個大隊を破滅させることになったのである。

第10および第21戦車師団の先鋒は、日没の少し前にシジ・ブ・ジッドの

上●ジェベル・ルスーダへの経路上で、第10戦車師団により破壊された、ハイタワーの第1機甲連隊第3大隊のM4A1中戦車。後方には、シジ・ブ・ジッドの街とジェベル・クセラが見える。(Patton Museum)

背後に見えるジェベル・ルスーダ山頂に包囲された第168歩兵連隊第3大隊の救出に失敗し、走行不能となったM3ハーフトラックを牽引して後退する、第1機甲連隊第3大隊G中隊のM4A1戦車。(NARA)

西で合流し、街の周囲に陣地を築いた。ここまで「フリューリングスヴィント（春風）」作戦は計画通りに進み、ドイツ軍の損害は軽微であった。シジ・ブ・ジッド周辺の原野には、米軍の44両の戦車、59両のハーフトラック、26門の砲、22台のトラックが、破壊されるか放棄されるかしていた。アルニムの副官であるハインツ・ツィーグラー将軍が、この作戦の指揮官であった。ツィーグラーは米軍の反攻を予期して、この夜は部隊をシジ・ブ・ジッド近郊に止めることにした。ツィーグラーのこの細心な用心深さは、ロンメルの怒りに火を点けた。ロンメルはアルニムに電話を入れ、この成功を拡大するために今夜中にスベイトラに向けて進撃する旨、ツィーグラーを焚き付けるよう説得した。だが、アルニムはツィーグラーの慎重なやり方に同意しており、「クックックスアイ」作戦の原案にある通り、ピションとさらに北へ向かう作戦とに備えて、兵力の温存を望んでいたのである。

　連合軍上級指揮官の反応は、事態を憂慮していたが悲観に満ちたものではなかった。アンダーソンは、シジ・ブ・ジッド攻撃は単なる陽動にすぎず、フォンドゥークへの攻勢の意図を秘匿するためのものであると確信していた。将軍は第10戦車師団の攻撃への不参加をその証拠に挙げていたが、これは完全な誤判であった。ウォードはロビネットのB戦闘団の全力をフォンドゥーク地域からスベイトラに移転させることを求めていたが、アンダーソンの判断により、1個戦車大隊の派遣だけが認められた。ジェイムズ・アルジャー中佐の第1機甲連隊第2大隊は、2月14日の夕刻、スベイトラ近郊に到着した。ガフサ周辺におけるドイツ軍の活動は、フリーデンダールに別の一撃が今すぐ始まろうとしていると確信させるのに充分であった。将軍はまた、米仏軍の撤退開始への許可を受け取っていた。

　ウォードは、マクィリンがシジ・ブ・ジッド周辺のドイツ軍兵力を過大に評価していると信じていた。連合軍情報部はいまだ、作戦参加兵力は1個戦車師団と断定していた。ウォードはシジ・ブ・ジッド周辺のドイツ軍は、ジェベル・ルスーダに戦車40両、ジェベル・クセラに戦車20両と見積もった。そこで翌日に予定されたロバート・スタック大佐を指揮官とする反撃は、アルジャーの中戦車大隊を先頭に、第701戦車駆逐車大隊のM3・75㎜戦車駆逐車が両側面を固め、自走砲の2個中隊とハーフトラックに搭乗する第6

シジ・ブ・ジッド戦への米軍航空支援は、ドイツ空軍により徹底的に叩かれた。写真は、P-39エアラコブラの輸出バージョンであるP-400。シジ・ブ・ジッド戦に投入された第81戦闘機群の一機と思われる。

機甲歩兵連隊第3大隊がこれに続行する隊形であった。あと知恵をもってすれば、事前の偵察活動も無しに、このような少数兵力の未経験な部隊に戦果が期待されていたことが驚かれる。少なく見積もったとしても、シジ・ブ・ジッドにあるドイツ軍は1個戦車師団の兵力を持つと判定されていたのであり、またそれが最適の位置に防御構築を完成させて反撃を待ち受けていたことは、容易に想像できたはずである。事実を客観視すれば、1個戦車大隊と1個機械化歩兵大隊とが、百戦錬磨の2個戦車師団と対決させられることになったのである。悲劇的結末は自明の理であった

　2月15日1240時、スタックの反撃は教範通りのやり方で開始され、アルジャーの中戦車が大きなV字型隊形を作った。ドイツ空軍の偵察機がこの攻撃準備中の部隊を発見し、ツィーグラーの部隊にその所在と兵力に関し一報を入れた。ドイツ軍は昨晩以来、充分に時間をかけて防御陣地を築いていた。シジ・ブ・ジッド北西の開けた地形にある接近経路を火制するかたちで、オリーブ畑に数門の対戦車砲と4門の88㎜砲を備えた1個中隊が陣取っていた。第5戦車連隊の主力が南から米軍の側面を衝くために、西へと移動していた。第21戦車師団も北から側面を衝くために、同様の配備をとっていた。ドイツ軍は米軍戦車の第一波をそのままやりすごし、身を潜めた対戦車砲の火網へと導き入れた。対戦車砲の射撃開始に応じて、米軍戦車中隊は防御態勢に移行しようとしたが、あまりにも開けた地形であるために掩護物の求めようが無かった。両側面にドイツ戦車のいることがはっきりしたところで、1個戦車中隊が北の第21戦車師団、別の1個中隊が南の第10戦車師団に対処しようと向きを変えた。アルジャーの戦車大隊は随行する歩兵と

第1機甲連隊第2大隊のわずかな生き残りであるE中隊のM4A1。カセリーヌ戦後の撮影。

アルジャーの第1機甲連隊第2大隊は2月15日、シジ・ブ・ジッド外側のアウド・ルーアナのワジ（涸れ谷）で、ドイツ2個戦車師団の統合火力により全滅させられた。写真はF中隊の所属車で、左がM4A1、右がM4。（NARA）

切り離された。午後遅くになると、もはや目標のジェベル・クセラに孤立する第168歩兵連隊第3大隊へは、近づくことすらできないことがはっきりとした。後方へ向かった4両の戦車は、どうにかハーフトラック搭乗歩兵を連れて1740時に戦場を離脱できた。しかし、アルジャー大隊の残った40両の戦車はアウド・ルーアナのワジ（川床）へと追い込まれ、周囲を取り囲んだドイツ戦車と対戦車砲により、次々と撃破されていった。その状況はあたかも機械化軍隊版の「カスター将軍最期の戦い」を見るようであった。

　2月15日夜の戦いの推移に関しては、情報がひどく錯綜していた。ウォードは「シジ・ブ・ジッドの東に炎上する戦車を多数確認。その所属に関してはいまだ不明。我が敵を大敗させたものか、敵が我を大敗させたものか」と報告した。だが、カセリーヌ峠の両側の丘に取り残された2個大隊の、解放攻撃が失敗したことは明らかであった。2機のP-39戦闘機が用意され、丘の孤立した米軍大隊上空を飛んで、脱出命令の通信筒を落とすことが命じられた。二日間の戦闘で、A戦闘団は2個戦車大隊と2個歩兵大隊を失ったが、ドイツ軍に言うに足る損害を与えることはできなかったのである。

　これほどの決定的な大勝にもかかわらず、ツィーグラーは勝利の拡大を図ろうとはしなかった。将軍はスベイトラへ向けて斥候隊を出し、米軍がもう一度反攻を実施するのか否かを探った。これを耳にしたロンメルは、せっかくの好機がみすみす失われていくことに激怒した。だがこの日、ケッセルリングは東プロイセンの総統大本営へと出頭していたので、仲介の労をとる人物がいなかった。アルニムは燃料の消耗を気にかけており、のちのフォンドゥーク戦のために節約を図っていた。しかも当初の作戦目標であるA戦闘団

シジ・ブ・ジッド戦の生き残り。1943年2月17日、ジェベル・ルスーダ地区を這々の体で脱してきたジープ偵察斥候隊員。(NARA)

の殲滅は達成されていたのである。

　ケッセルリングはアルニムの大勝利を2月16日になってようやく知った。ケッセルリングはイタリア軍最高司令部を経由して、アルニムに対しスベイトラを攻略するよう命じた。アルニムはなおも躊躇を続け、斥候隊に少数の戦車を付けて米軍が「カーンの十字路」と呼んでいた地点の近くにまで進ませるにとどまった。この逡巡により米軍は防備を固める時間を得ることができた。アンダーソンはようやく、自身の情報評価が完全に誤っていたことに気付き始めた。将軍はコルスに対し、指揮下にある米第34歩兵師団の一部も含めて、フランス軍団を西ドーサル山地に戻すよう命じた。フリーデンダールはアンダーソンに対し、西ドーサルの重要なシバ峠を守るために英軍部隊を回すよう要請し、これは了承された。英第26機甲旅団と2個歩兵大隊がシバの南と東に布陣した。ウォードは、ロビネットのB戦闘団の残りをスベイトラに退却させる許可を得た。これで数カ月の時を経てようやく、師団のほぼすべてが同じ地域に集まることができた。2月16日の夜半、米軍はその最東端の陣地であった「カーンの十字路」から部隊を引き揚げた。その折に、少数の米軍戦車でツィーグラーの斥候隊の戦車を待ち伏せして、戦果を挙げるといううれしいおまけもついた。

　2月16日の米軍の反撃が実現しなかったことで、ツィーグラーは翌日からスベイトラ方向に圧力をかけることを、遅まきながら決心した。この決心には、イタリア軍最高司令部の要請も影響していた。ガフサから連合軍が撤退したことで、ロンメルの「モルゲンルフト（朝のそよ風）」作戦は発動可能となった。はやくも連合軍の撤退直後に、クルト・リーベンシュタイン将軍はアフリカ軍団の部隊をもってガフサを占領していた。ロンメルはリーベンシュタインに対して、アルニム攻勢支援のために、フェリアーナへ向かう道路を敵の姿を見るまで突き進むよう命じたのである。

スベイトラの混乱
CONFUSION AT SBEÏTLA

　2月16日の晩、A戦闘団の生き残りはスベイトラの北のオリーブ園に陣を敷いた。新たに到着した戦闘経験の豊富なロビネットのB戦闘団は、南の外縁に陣を構えた。ツィーグラーの先遣隊は、米軍外周陣地に散発的に機関銃火と砲火を浴びせて、布陣状況に探りを入れてきた。オリーブ園におかれたA戦闘団司令部が機関銃火にさらされたことで、マクィリンは司令部要員をスベイトラの西へ移して難を逃れさせようと決定した。しかしこの移動が付近の部隊に及ぼす影響はほとんど考えられていなかった。仲間の2個大隊がジェベル・ルスーダとクセラで運を天に任せる状態に置かれたことと、急遽反撃に向かった2個戦車大隊が粉砕されるのを目の当たりにしたばかりであったので、A戦闘団の残余の将兵はこの時、士気阻喪状態にあった。工兵が弾薬集積所や施設の破壊を進める爆発の轟音に包まれる中、司令部の近傍にあってその退避を目にした戦闘団の一部は、退却が開始されたものと早合点し、命令の無いままスベイトラから逃げ出し始めた。A戦闘団は潰乱状態に陥った。流言飛語が飛び交い逃げ出す兵の姿が目立つ中で、パニックは他の浮き足立っていた部隊へと伝染していった。スベイトラを出てゆく道路は、逃げ出した将兵と車両でごったがえしたのである。

北アフリカの作戦で鹵獲され、米本国へと運ばれたティーガー重戦車。1944年2月、首都ワシントンで展示されたときの撮影。(MHI)

幸運なことに、ロビネットの歴戦のB戦闘団とわずかに残ったA戦闘団の将兵がしっかりと持ちこたえたことで、残りの夜の間、ドイツ軍を前に瀬戸際で持ちこたえることができた。夜明けとともに、将校は道路障害の設置をすませてから、街の周辺部で遊兵と化している逃亡兵の狩り出しにかかった。ツィーグラーの先遣隊はこのスベイトラの混乱を利用できずにいたのだが、スベイトラの状況に関する混乱した複数の情報を得たフリーデンダールは、街の陥落は近いと確信した。アンダーソンは2月17日の夕刻まではスベイトラを保持するよう命じたが、フリーデンダールは今すぐにも陥落する危険があると警告した。これを受けて1100時、アンダーソンはスベイトラからの退却命令を下した。ウォード将軍はカセリーヌ峠をぬけてタラへと後退するよう命じられ、またアンダーソン・ムーア大佐の第19工兵連隊は、スベイトラからの道路沿いでカセリーヌ峠の東に位置するアタブ川の川床を越えた地点に展開して、第1機甲師団の撤退を掩護するよう命令された。

　ツィーグラーのスベイトラ攻略は、後背地のファイド峠近郊において想定外の状況が生起したためにまたも延期された。峠の西側の丘陵群に位置した米軍の2個歩兵大隊はドイツ軍にやり過ごされたまま、丘陵地形が邪魔したこともあって掃討されずにあった。2月15日、ドイツ軍の1個歩兵大隊がジェベル・クセラを占領しようとしたが、頑強な抵抗を受けたために果たせなかった。その夜、友軍機の落としていった通信文により、ドレイクは自力で血路を開けとの命令を受け取った。指揮官は翌日大隊をまとめると日中傲然と、13キロメートル先のスベイトラを目指して徒行軍を開始した。各所に部隊が点在するだけの守りの薄いドイツ軍後背地区における行動とはいえ、実に大胆であった。ドレイクの兵は途上、偵察車1両を破壊し、これでドイ

スベイトラ戦後、街中に放棄されたSd.Kfz.233重装甲車。この車両はSd.Kfz.231ファミリー中の一両で、装備する75mm短砲身榴弾砲によりドイツ軍偵察大隊で火力支援や強行偵察にあたった。(NARA)

シジ・ブ・ジッドでの敗北後、ロビネットのB戦闘団はスベイトラの南で写真に見える陣を張った。マクィリンの不運なA戦闘団は街の北側に展開し守った。(Patton Museum)

ツ軍もファイド峠の西の不毛の平原をゆく行軍縦隊が、ドイツ軍ではなく行方不明の米軍部隊であることにようやく気付いた。ツィーグラーはスベイトラ攻略を延期し、部隊を峠へと戻し、脱出を図るもうひとつの米軍歩兵部隊の掃討にあたらせたのである。

　ドイツ軍のスベイトラへの接近は、2月17日の午後になって開始された。A戦闘団の窮状と弱体化を知らなかったドイツ軍は、街の南側からより守りの堅いロビネットのB戦闘団へと主攻撃を向けてきた。ヘンリー・ガーディナー大佐の第13機甲連隊第2大隊は、12月以来の続く戦闘で戦力を半分以下に減らしていたが、入念に計画した待ち伏せをもってドイツ戦車の最初の攻撃を迎え撃った。ガーディナーの戦車隊は戦果15両の報告を上げたが、ドイツ側は5両しか認めていない。B戦闘団が攻撃を撃退する間、またもパニックの波がA戦闘団を襲い、部隊は潰乱状態に陥った。ドイツ軍との交戦も無いまま、多くの部隊が退却を開始した。ロビネットのB戦闘団はその日の午後遅くまで現地に止まり、1700時少し前に隊伍を保ったまま退却を開始した。B戦闘団は日没直後にカセリーヌ峠へと到着し、タラへ向かう道路に陣地を敷いた。スベイトラ戦における損害の中には、ヘンリー・ガーディナー大佐の戦車も入っていた。だが大佐はどうにか脱出に成功してカセリーヌ近くの米軍戦線まで歩いて戻り、一日遅れで戦闘団に復帰した。

「モルゲンルフト（朝のそよ風）」作戦
OPERATION MORGENLUFT

　ロンメルの「モルゲンルフト（朝のそよ風）」作戦はアルニムの作戦に続いて開始されたが、敵の抵抗は微弱であった。ガフサは連合軍が引き揚げてもぬけの殻になったところを占領された。リーベンシュタイン将軍のドイツ・アフリカ軍団（DAK）戦闘団は、2月17日、フェリアーナへの路上を進撃した。リーベンシュタインが地雷により負傷すると、以前のアフリカ軍団砲兵司令であったカール・ビロビウス将軍が戦闘団の指揮を継いだ。この日、最大の成果は、テレプトの飛行場奪取であった。連合軍は飛行場を前日に放棄していたのだが、戦闘団は基地の一部が破壊された倉庫から、他の物資とともに、50トン近くもの燃料と潤滑油を回収してみせた。ロンメルは部隊の快進撃ぶりに喜んだが、すでに戦いの帰結は、アルニム軍のカセリーヌ峠への進撃により決められていたのである。2月17日の夜半、イタリア軍最高司令部は、アフリカ軍団戦闘団は、作戦原案に即してガフサ＝ムトローワ＝トジュールの線で停止するよう、訓令を発した。部隊の一部はマレト防衛線に復帰するためガフサを目指したが、ロンメルはそれでもいくつかの偵察隊をカセリーヌ峠へ向けて進発させた。アフリカ軍団分遣隊はカセリーヌへと躍り込み、60両のフランス軍車両を捕獲した。さらに第21戦車師団の偵察隊との合流も果たしたのである。

　米第1機甲師団のここ数日間の無様な戦いぶりを目にしても、アルニムには戦果拡張の意欲がわかなかった。2月17日の晩、将軍は攻撃軍の分割を決心し、第10戦車師団を北のフォンドゥークとピション峠へと向かわせ、第21戦車師団をスベイトラに残した。同晩のロンメルとの電話の中で、アルニムは燃料と軍需品の補給が思い通りにならないことを難じた。みすみす好機が放置されたことに怒ったロンメルは、2月18日、ケッセルリングに対して書簡を送り、アルニムの戦闘団を自分に引き渡してくれれば、カセリーヌ峠を進発して連合軍の主補給センターのある要衝テベサを攻略し、爾後はボネの海岸まで達してみせると豪語した。ケッセルリングはアルニムよりもずっと、こうした大作戦に乗り気であったが、このような部隊と指揮権の大幅な組み替えを実施するには、その前にイタリア軍最高司令部となによりもムッソリーニとの会談の機会を持ち、正規の承認手続きを経ることでイタリアの面目を立ててやる必要があった。ロンメル案への認可が下りたという一報がチュニジアに届いたのは、18日から19日にかけての深夜のこととなり、こうしたまた一日が無駄に費やされたのである。

　イタリア軍最高司令部の計画では、第10および第21の両戦車師団はともに、ロンメルの指揮下へと移すものとされた。手直しされた「シュトゥルムフルート（高潮）」作戦では、カセリーヌ峠を北西方向に出撃した部隊はより至近の目標であるル・ケフを襲い、英第1軍の後背地で小規模な包囲環を完成するものとされた。アルニムにはチュニジア北部へアンダーソンを釘付けにして、ロンメルの攻勢を支援することが命じられた。またル・ケフ周辺に空挺部隊を降下させ、主要な橋梁群を落とすことで、連合軍の退却を阻止する作戦も含まれていた。ケッセルリングとロンメルの両者とも、この「シュトゥルムフルート」作戦に対し複雑な気持ちを抱いていた。テベサが旨味の大きな目標であることとロンメルの英第1軍への縦深突破包囲案の効果を

考えれば、このような縦深を欠く包囲作戦を実施したところで無駄としか思えなかったのである。落胆させられたとはいえ、ロンメルはそれでも攻勢継続の主役となることはできた。

「シュトゥルムフルート」作戦に備えて、ロンメル集団には第10、第21戦車師団、ドイツ・アフリカ軍団戦闘団、イタリア「チェンタウロ」機甲師団が組み入れられた。この時点までロンメルの率いていたマレト防衛線の独伊戦車軍は、メッセ将軍に引き継がれ第1イタリア軍に改称された。

枢軸軍高級司令部内の反目とコンセンサスの欠如により、スベイトラ陥落後、兵力は分散された状態にあった。作戦兵力の集結完了を待つまでもなく、ロンメルは連合軍の混乱を利用するために、可及的速やかに攻撃に出ることを決心した。この裏には、イタリア軍最高司令部の心変わりを防ぐ狙いもあった。計画では、第21戦車師団をスビバ峡谷から出撃させ主目標であるル・ケフへと向かわせる。ドイツ・アフリカ軍団戦闘団はカセリーヌ峠、「チェンタウロ」師団はデルネア峠よりそれぞれ進発する。第10戦車師団はピション地区から戻りしだい、ふたつの攻撃軸の内、良好な進展を見せている方に加勢するものとされた。

2月19日、ケッセルリングはアルニムにロンメル攻勢の支援を確約させるために、チュニジア入りした。驚いたことにアルニムは対案をもって迎えた。それは、ピション近郊の現在の陣地から第10戦車師団を出撃させて、チュニジアで全域攻勢を実施するというものであった。しかし、ケッセルリングはテベサ攻略をめざすロンメル案に同調的であり、またロンメルならば必ずこの大胆な作戦をやってのけてみせると確信していた。アルニムは「フリューリングスヴィント」作戦の完遂に確たる熱意を持っておらず、とりわけシジ・ブ・ジッド周辺から米軍を追い払ったあとはそれが顕著であった。ケッセルリングはロンメルが全権を掌中にし、テベサ攻略に邁進することを望んでいた。だが、ケッセルリングは訓令の中でそのことを明示していなかったので、ロンメルは、イタリア軍最高司令部がスビバに向けて主攻勢を発起し、続いてル・ケフへ向かうことを望んでいると理解したままでいた。いずれへと攻勢目標が定められるにせよ、ロンメルはその暴露された左側面を、テベサを発した連合軍に衝かれることを防ぐために、カセリーヌ峠を抑えなければならなかったのである。

連合軍の西ドーサル山地の防御状況は場所によってまちまちであり、北部のスビバ周辺にもっとも兵力が集中されていた。米第34歩兵師団がフランス第19軍団の増援として到着したことで、アンダーソンは英第6機甲師団を移し、第26機甲旅団がタラの重要な道路合流点を守った。連合軍の補給基地のあるテベサへの連絡路はいくつかあり、エルマ・ラビオド、ブ・シェブコ、カセリーヌといった峠で山地をぬけるものもあった。仏軍コンスタンチン師団の残余が町を守る一方、第1機甲師団のB戦闘団がブ・シェブコの近くを固めた。A戦闘団はいまだ移動中であった。これにより、スビバへの道とテベサへ向かう諸峠の防備は万全の状態にあったが、カセリーヌ峠だけは警戒部隊だけの手薄なままに置かれていたのである。

「シュトゥルムフルート(高潮)」作戦：カセリーヌ峠の戦い
OPERATION STURMFLUT: THE BATTLE FOR KASSERINE PASS

　カセリーヌ峠は当初、アンダーソン・ムーア大佐の第19工兵連隊により守られていた。この部隊は基本的に建設工兵であり、最低限の歩兵訓練しか受けておらず、また経験のある歩兵将校も配属されていなかった。防御線は峠のもっとも幅の狭い、およそ730メートルの部分に敷かれていた。道路はこの背後で二つに分岐し、北よりの道路はタラ、もうひとつはテベサへと通じていた。山のほかにこの地点で顕著な地物と言えば、水を満々とたたえたアタブ川が流れ、峠を二分していた。工兵連隊には大量の地雷が支給されていたが、到着したばかりで時間がなかったので、地雷原は地雷がそのまま地表に置かれるか、わずかに土をかけてごまかしただけぐらいのものしか準備されていなかった。ドイツ軍の攻勢発起に先立って、第26歩兵連隊第1大隊が増援として加勢し、ジェベル・センママの北東尾根の丘陵部分の防備を引き継いだ。これで、川の南には3個工兵中隊、北には1個工兵中隊、丘陵地には1個歩兵大隊が陣取った。この部隊には支援兵力として、第13機甲連隊I中隊のM4戦車8両と第894戦車駆逐大隊のM3・75mm自走砲（GMC）がつき、峡谷の中央部に展開した。また、第33野戦砲兵連隊の105mm榴弾砲2個中隊とフランス軍の輓馬牽引75mm砲1個中隊が、火力支援を実施する手はずとなっていた。フリーデンダールは工兵部隊が歩

地雷の敷設準備をする米軍工兵。（NARA）

平坦で岩がちなカセリーヌ峠一帯の大地は、いくつかの地点で有効な歩兵陣地を作ることを困難にした。(NARA)

兵戦闘の経験を持たないことを憂慮していたので、ドイツ軍の攻撃開始の数時間前に、現地の指揮権を第26歩兵連隊のアレクサンダー・スターク大佐に委ねた。

　第10戦車師団はなおも移動中だったので、ロンメルはカール・ビロビウス将軍の率いるドイツ・アフリカ軍団(DAK)戦闘団単独で、攻撃開始することを決心した。ロンメルは米軍防備態勢が未整備であると踏んでおり、簡単に敗走に追い込めると信じていた。2月19日0630時頃、第33捜索大隊が攻撃を開始し、峠を抜けて峡谷をさらに下ったブ・シェブコ峠を制圧しようと出撃した。すぐに大隊は米軍がしっかりと防備を固めていることを知った。峠の中央に陣取る戦車と歩兵、戦車駆逐車が射撃を開始したので、大隊は峠の南西側にあるジェベル・シャンビのふもとの丘陵群に隠れた。思わぬ抵抗を受けたことで、ビロビウスはアフリカ戦車擲弾兵連隊に対しトラック40台による前進を命じた。この2個大隊は0930時に、峠の向こう側にいる第26歩兵連隊第1大隊に対して攻撃を開始した。米軍はジェベル・センママのふもとの丘陵群に陣を敷いていたので、ドイツ歩兵は丘の頂部の奪取に悪戦苦闘することになった。このため正午頃、ビロビウスは、戦車兵力の主力であるシュトッテン戦車大隊を投入せざるをえなくなった。ドイツ・アフリカ軍団戦闘団は攻勢初日、峠を抜けることが出来なかった。夜に入っても峠の両側で戦闘はなおも続き、ドイツ軍は山地を縫うようにして、米軍防御陣地への浸透を図ったのである。

　タラにあった英第26機甲旅団の旅団長、チャールズ・ダンフィー准将は日中、スタークのもとを訪ねた際、手薄な防備態勢と峠を制する丘陵群にドイツ軍が侵出したとする証拠があることを報告された。准将が懸念をアンダーソンの司令部に伝えたことで、その夜、第1軍の参謀がスタークのもとに

カセリーヌ峠周辺の荒漠とした地形、西側から峠のもっとも狭い部分であるタラ（左）とテベサ（右）への分岐点方向を臨んだもの。写真ではアタブ川の川床がはっきりと見えているが、戦いのあった時期には満水状態であった。（Patton Museum）

やってきたが、状況はいまだ安定していた。それでもなお、アンダーソンは峠の防御が瓦解したときに備えて、ダンフィーがタラへの道路に阻止部隊を配置することを許可した。「王立バフ」連隊第10大隊長のA・ゴア中佐が率いるゴア部隊は、「第2ロジアン」連隊C中隊の7両のヴァレンタイン戦車、4両のクルセーダー戦車に加え、1個自動車化歩兵中隊と1個砲兵中隊を有していた。2月19日の午後遅くには、W・ウェル中佐の第1機甲師団第6歩兵連隊第3大隊が到着した。スタークは、この部隊をゴア部隊を掩護する丘陵群へと送った。この日、一日を通して、第9歩兵師団第39歩兵連隊の1個大隊、別の戦車駆逐大隊といった増援部隊がばらばらに到着した。その内、歩兵2個中隊は、峠の西側を横切る線に配置された工兵中隊群の、両端を守るために投入された。

夜の帳がおりて米軍陣地をすり抜けたドイツ歩兵は、苦労の末にいくつか

の丘の頂部を占領した。第26歩兵連隊第1大隊の夜襲により700高地は奪還されたが、その1個中隊は敵中に孤立し、大隊本部は浸透したドイツ歩兵に包囲されてしまった。アタブ川北側の工兵陣地は潰乱状態にあったが、テベサ道を守る川の南側の陣地は持ちこたえていた。日中の戦闘で第894戦車駆逐大隊は装備する戦車駆逐車の半数を失い、米軍の2個砲兵中隊は勝手に退却を始め、フランス軍の75mm砲中隊だけが残った。フリーデンダールはロビネットのB戦闘団に警報を発し、工兵隊の背後で敵を阻止するため移動準備に入るよう命じた。

2月20日の朝は寒く雨が降っており、峠の坂道は泥道と化しすべりやすくなっていた。ロンメルがカセリーヌに姿を現したが、ビロビウスがいまだに峠の突破を完了していないことを知ると、極めて不快の情を示した。攻撃は翌朝、猛烈な砲兵の準備射撃をもって再開された。新兵器であるネーベルヴェルファー多連装ロケット砲も投入され、その震え上がらせるような発射音に驚いた米兵はこれに「スクリーミング・ミーミー」のあだ名をつけた。ジェベル・センママにおいて、第26歩兵連隊第1大隊と交戦中のアフリカ戦車擲弾兵連隊を支援するために、第5「ベルサグリエリ」連隊の1個大隊が送られた。ドイツ・アフリカ軍団の戦闘日誌によれば、第5「ベルサグリエリ」連隊は「雄々しく戦った」が大損害を受け、大隊長も戦火に倒れた。

ロンメルは攻勢の遂行に関して考えを新たにした。先におこなわれたスビバに向けての第21戦車師団の最初の攻撃は手厳しくはねつけられ、この方面における防御がすでに確立されていることを示唆していた。ロンメルはこのとき、スビバの防備兵力が、ドイツ軍攻撃兵力の三倍もあることを知らなかった。第10機甲師団はなおも移動中であり、これをスビバ道に投入して第21戦車師団の背後で立ち往生させるリスクをおかすべきなのか、それともカセリーヌ峠を通ってタラへと向かわせるべきなのか、判断の分かれるところであった。ロンメルは後者の道をとることを決心した。第10戦車師団は部隊が揃っておらず、またアルニムはティーガー大隊を譲り渡すことを拒んでいた。午後の半ば、第10戦車師団自動二輪大隊と2個戦車擲弾兵大隊を含む先遣隊が、カセリーヌ峠に到着した。1630時、5個砲兵大隊が火蓋を切り、峠のまっ只中を突っ切って調整攻撃が開始された。峠を見下ろす丘陵群では歩兵の攻撃が続いていた。道路近くの工兵中隊を壊滅させたことで、第10戦車師団の戦闘団はタラ道の進撃を開始した。ゴアの阻止部隊が一時的にせよ、かろうじてその進出を食い止めたため、日が暮れかけた頃に第8戦車連隊第1中隊が投入された。ドイツ戦車はついにイギリス戦車を圧倒し、ついでに道路障害を守る第805戦車駆逐大隊の5両の戦車駆逐車を撃ち取った。そして暗闇に包まれるまでに、わずかながらも路上を先へと進んだのである。

米軍の防御態勢は午後遅くの攻撃で粉砕され、第13機甲連隊I中隊は激戦の渦中で全戦車を喪失した。テベサへの道で最後に残っていたのは、フランス軍の砲兵中隊であった。だが同中隊も全弾を撃ち尽くすと、砲を破壊して退却を開始した。ロンメルはこの成功を拡張するために、伊軍「チェンタウロ」師団から1個大隊を抽出し、テベサへの道を走らせた。部隊は峠の中を8キロメートルほど進むと、夜が訪れる前にブ・シェブコ峠の出口近くにまで達した。ウェルの第6機甲歩兵連隊第3大隊や第26歩兵連隊第1大隊の生き残りといった米軍の支隊は友軍との連絡を絶たれ、ジェベル・セン

ママに包囲された。第6機甲歩兵連隊第3大隊は山頂への配置にあたって、山のふもとに装備するハーフトラックを残してきており、ドイツ軍はこれをほぼ無傷で捕獲した。歩兵の機械化輸送力に不足していたドイツ軍にとっては、これは天から授かったに等しい賜物で、喜んで自軍に組み入れて使用した。

　カセリーヌを通ってテベサへ向かいつつあるこの攻撃がドイツ軍の主攻勢であることは、いまや誰の目にも明らかであったので、フリーデンダールは他の峠を守っていた部隊をカセリーヌ地区へシフトすることが可能となった。将軍は第1歩兵師団の部隊に対し、峠の南西にある丘陵群へと進むよう命じた。ロビネットは2月20日の朝、第1機甲師団のB戦闘団をもって、テベサ道沿いにカセリーヌ峠の北側口を目指して進み始め、午後の早い時間には先鋒が到着を開始した。フリーデンダールは計画の段階では、峠の守備に関する全権限をロビネットに委ねようと考えたが、やがてその任務量がひとりの手には余ることを理解したので、指揮権を二分した。ロビネットはアタブ川南側での峠の攻略を命じられ、ダンフィーと第26機甲旅団には川の北側での作戦が委ねられた。防御線崩壊の危機に直面したことで、アンダーソンは独自の考えを打ち出し、英第6機甲師団の師団長補であるキャメロン・ニコルソン准将をタラに派遣して、現地にあった米英仏軍の全部隊を集成して臨時に「ニックフォース」部隊へと束ねた。しかしこれは混乱に輪をかけただけであった。

　2月20日の午後、ケッセルリングはローマに戻る前にチュニスに立ち寄った。ケッセルリングはアルニムとの会見で怒りをあらわにし、アルニムが第10戦車師団の主力を手元に置いたままにしておくことで、命令を無視していると糾弾した。アルニムは当該部隊がなお前線にあって戦場離脱が困難であると、やくたいも無い言い訳をした。しかもアルニムは、ロンメルがそ

カセリーヌ峠近くで火力支援を実施する、第1歩兵師団第33野戦砲兵大隊の105㎜榴弾砲。1943年2月20日の撮影。（MHI）

カセリーヌ峠で破壊された、第15戦車師団第8戦車連隊のシュトッテン戦車大隊が装備していたⅣ号戦車F2型。（NARA）

の軍による牽制攻撃が計画されているル・ケフではなく、テベサを狙っているのではないかという疑いを明言した。ケッセルリングはこの攻撃の必要を繰り返して説いた。ついにはアルニムも不承不承この案を受け入れたものの、攻撃開始を2月22日へと延期するとした。アルニムの反抗的態度に業を煮やしたケッセルリングはローマに戻ると、アルニムの第5戦車軍も含めた在チュニジア枢軸軍指揮の全権をロンメルに与えるよう上申した。

　ロンメルは2月21日の午前をカセリーヌ峠でえた戦果の確立にあて、指揮下の部隊に連合軍のあらゆる反撃に対する準備を整えさせた。ロンメルは攻撃の最終目標選定に関していまだ迷っていたが、ル・ケフではなくテベサ方面へ圧力をかけようとしていた。ある意味では、地形もその判断に与していた。アタブ川は冬季の雨で水かさを増しており、米工兵隊はこの川にかかる大きな橋をすでに落としていた。これにより峠は完全に分断され、ドイツの2個兵団は川により物理的に隔てられていた。ロンメルは単一の目標へと兵力をまとめることを止め、現状での分散をよしとした。ビロビウスのドイツ・アフリカ軍団戦闘団がテベサへの道を下る一方で、ブロイヒの第10戦車師団はタラへ向かう北東へのルートを進んだ。ロンメルの不決断の原因は、「シュトゥルムフルート」作戦の目標を巡るケッセルリングとイタリア軍最高司令部の間の論争に求めることができるが、しかし結果は、兵団を三つの異なるルート沿いに進ませることとなり、そのいずれもが日増しに強化される連合軍を撃ち破る力を持たなかったのである。

　ドイツ・アフリカ軍団戦闘団の前衛である「チェンタウロ」機甲大隊と第33捜索大隊は、2月20日から21日にかけての夜間、ついにB戦闘団と第13機甲連隊偵察中隊の防御陣に突き当たった。ロンメルは全戦闘団に対しカ

1943年2月23日、カセリーヌ峠で戦うチェンタウロ師団の支援にあたる、イタリア軍のセモベンテ47/32自走砲。(NARA)

セリーヌ峠に入り、ジェベル・ラムラ峠を突破してテベサへ進むよう命じた。ロビネットのB戦闘団は2月21日の午前、第13機甲連隊第2大隊、第6機甲歩兵連隊第2大隊、2個自走砲大隊、2個戦車駆逐大隊の一部とともに、峡谷内に入った。1630時、シュトッテン戦車大隊の支援を受けたアフリカ戦車擲弾兵連隊が、戦車を半遮蔽陣地に潜ませたガーディーナーの第13機甲連隊第2大隊と激突した。戦車の火力と砲兵の精密な集中射により、ドイツ軍は撃退された。

北側の峠が固く守られていたことで、ドイツ・アフリカ軍団戦闘団は日没後、南のジェベル・ラムラ峠に続く接近経路への部隊の再配置を試みた。夜の闇の中で、アフリカ戦車擲弾兵連隊は道を誤り、812高地へ到達してしまい、戦闘団は二分されてしまった。だがその行程で、第33野戦砲兵大隊の1個砲兵中隊を蹂躙していた。兵力が分散してしまったことで、翌22日、ドイツ・アフリカ軍団戦闘団は効果的な作戦を実施できなくなった。この状況に1600時、アレン将軍は第16歩兵連隊第3大隊に対し812高地の再奪取を命じ、第1歩兵師団とB戦闘団との間に楔が打ち込まれるのを防ごうとした。反撃は成功し、装備を奪還するとともに、ドイツ軍を峡谷内へと押し戻した。右翼では、第13機甲連隊の数両の戦車が、第5「ベルサグリエリ」連隊に突撃をかけた。同連隊はそれまでの戦闘で大損害を喫して弱体化していたので、732高地近くの陣地は蹂躙され、イタリア兵は大慌てで退却を開始した。

タラの外縁を守るダンフィー英軍部隊に対する第10戦車師団の攻撃は、より集中的なものであり成功を収めた。2月21日の昼頃、約30両の戦車と25両の装甲車両が外縁陣地に対し探りを入れ始め、しだいに前哨監視線を圧倒していった。主攻撃は1500時に開始された。装甲の薄いクルセーダーとヴァレンタインは、ドイツ戦車に比べて火力や射程でも劣っていたので、

タラ道の防御戦闘で破壊された、英第26機甲旅団のクルセーダー戦車を検分するロンメル。(NARA)

午後の半ばには15両が撃破されてしまった。午後も遅くなると防御線は崩壊寸前となった。ダンフィーは発煙弾砲撃を要請して煙幕を張り、部隊をタラの南の最後の尾根線へと下げ始めた。ドイツ軍は退却部隊に膚接して続行し、夜の闇の中、捕獲したヴァレンタイン戦車を先頭に押し立てて、1900頃敵に発見されぬまま英軍陣地内へと突入した。至近距離での乱戦が始まり、第10戦車師団の戦闘団はタラ前面の英軍最終防御陣地を粉砕した。タラ道の防衛戦でダンフィーの旅団は戦車38両と砲28門を失い、ドイツ軍は571名の捕虜をえた。だが、旅団は第10戦車師団の行き足を見事に遅らせ、その猛戦ぶりを見たブロイヒに夜間にタラへ突入することを危惧させる結果となった。遅滞戦闘の成功により、連合軍はチュニジアの全戦線から貴重な増援兵力をかき集めることに成功した。「第2ハンプシャー」連隊の1個歩兵中隊、一部に新品のシャーマンを装備した「第16/5槍騎兵」連隊、くわえて最も重要だったのは、およそ1,300キロメートルの強行軍の末に到着した米第9歩兵師団の師団砲兵であった。米軍砲兵は2個105㎜榴弾砲大隊、1個155㎜榴弾砲大隊、75㎜駄載榴弾砲を装備する2個加農砲中隊という大兵力で、22門の25ポンド砲で構成されたタラの防御陣地を大いに強化することになった。

夜明け少し前、ニコルソンは「第2ロジアン」連隊の残余に対し、タラ郊外のドイツ軍陣地に勝てる望みのまったくない攻撃をかけるように命じた。指揮官のフェンチ＝ブレイク中佐は残る10両の戦車兵に、厳かに「かすかな望みにかけて、さあ行こうぜ」と声をかけた。故障頻発の状態であったため、夜明け時にドイツ軍陣地に到達できたのは5両だけであり、それもすぐに破壊されてしまった。第10戦車師団長フリードリヒ・フォン・ブロイヒ将軍は2月22日0700時の攻撃発起を計画していたが、「ロジアン」連隊の犠牲的

攻撃と強化されたタラの砲兵による突然の弾幕砲撃を受けたことで、考えを変えた。ブロイヒはロンメルに電話をかけ、この弾幕砲撃は続く反撃の前触れであると思われ、防勢に転換すると報告した。ロンメルはこれを了承した。この日の午前中、両軍砲兵は互いに弾幕砲撃を実施した。しかし連合軍の反撃が無かったことで、ブロイヒは1600時の攻撃再興を決心した。この日初めて、連合軍の航空兵力が地上戦に介入した。滑走路が新たに完成したことで117回の出撃が実施され、暴露したドイツ軍部隊を襲った。P-38戦闘機を主力とした航空部隊は、ブロイヒの陣地に対し執拗に機関銃掃射を繰り返した。この日の終わりには、第10戦車師団のタラへの進撃は頓挫したのである。

ロビネットの第1機甲師団B戦闘団の主力を成したのは、ヘンリー・ガーディナー中佐の実戦で鍛え上げられた第13機甲連隊第2大隊であった。「ヘンリーⅢ世」号と名付けられた、新車のM4A1戦車の前に立つガーディナー。「ヘンリーⅡ世」号はスベイトラの防衛戦で失われた。(H. Gardiner)

1943年2月末、タラ＝カセリーヌ道を行く第894戦車駆逐大隊の偵察斥候隊。

右ページ上●カセリーヌ戦で破壊された、チェンタウロ師団のセモベンテM41・75/18自走砲。短砲身75mm砲（砲身長18口径）を備えた同車は、チュニジア戦で最良のイタリア軍装甲車両であった。(MIH)

右ページ下●カセリーヌ峠戦で撃破された、チェンタウロ師第131機甲連隊のM14/41戦車を検分する、フランス兵とアメリカ兵。(NARA)

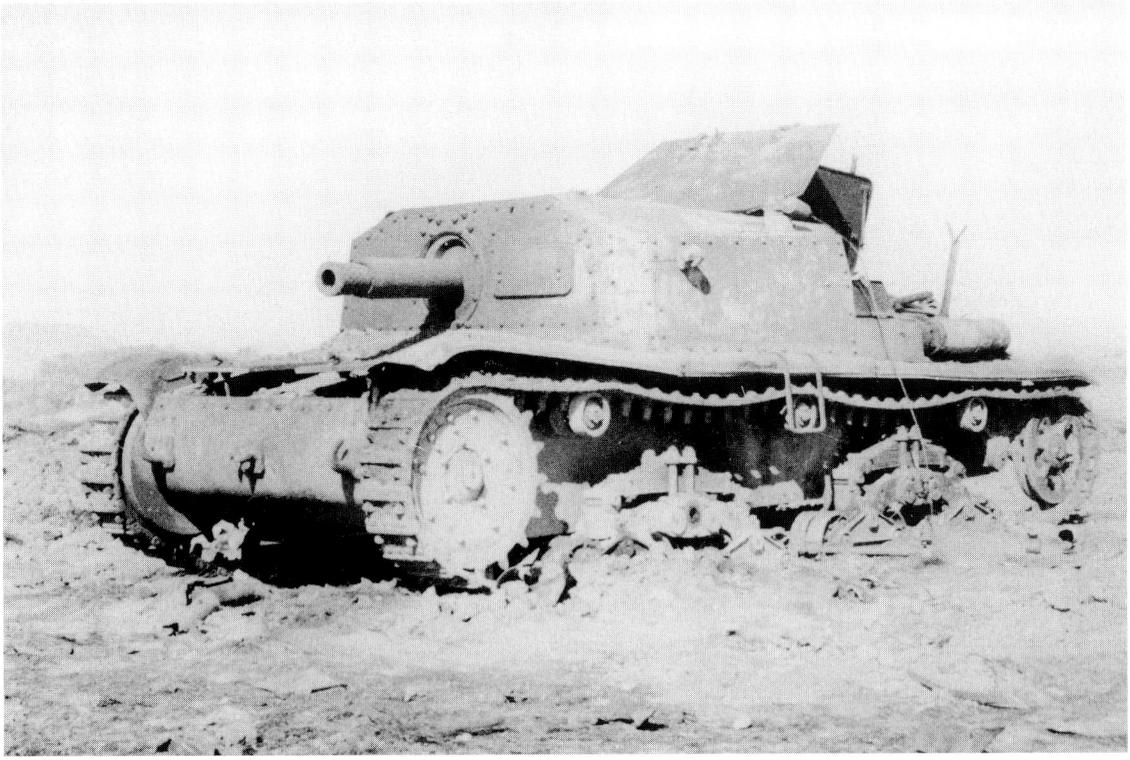

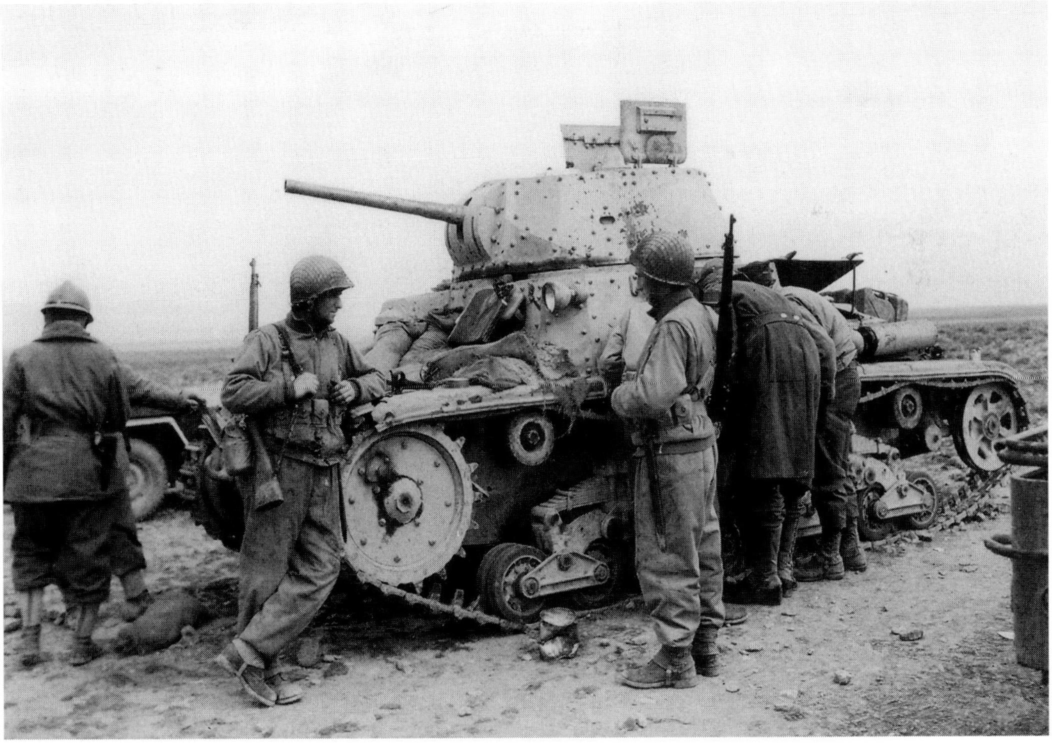

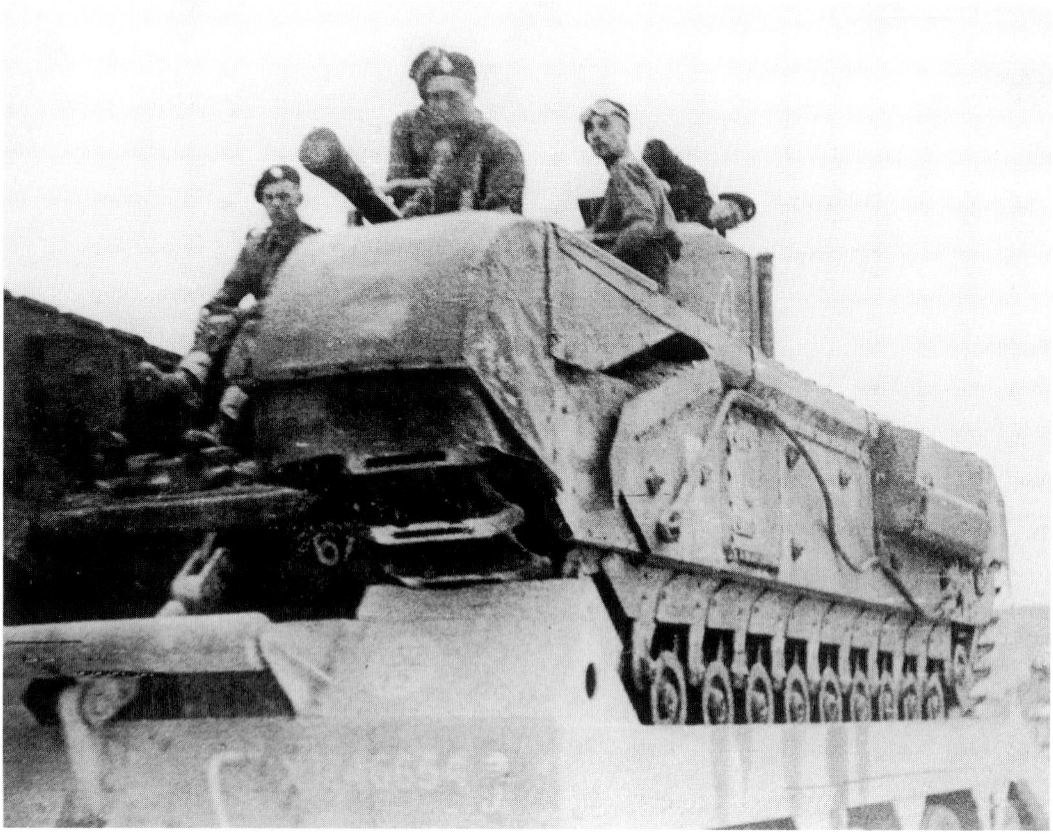

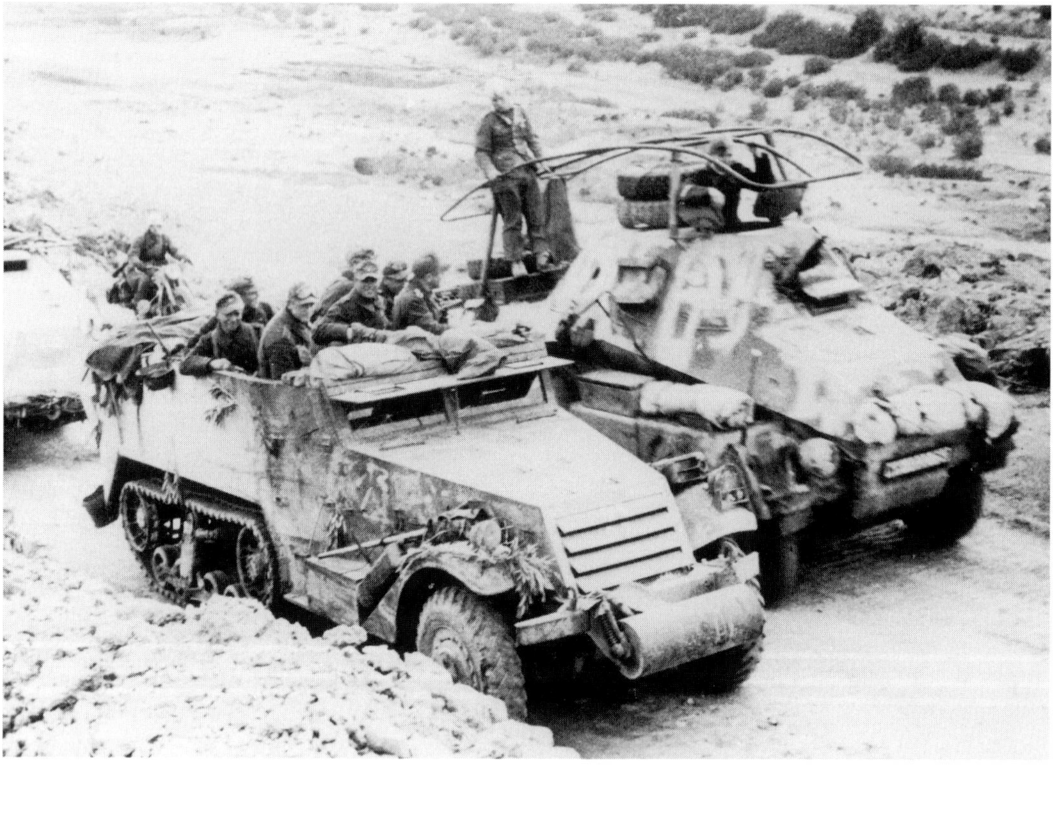

左ページ上●英第25戦車旅団は、写真のように新型のチャーチルMk.3歩兵戦車を装備していた。この重戦車の一部は脅威にさらされたスビバ地区の防衛強化のために増援として送られた。(MHI)

将帥の決断
COMMAND DECISIONS

　ロンメルはカセリーヌ峠に集中する傍らで、スビバに向けられたもうひとつの攻撃軸を忘れていたわけではなかった。第21戦車師団は2月19日の攻撃開始とほぼ同時に、英「第16/5槍騎兵」連隊の戦車の支援を受けた米第18歩兵師団の強固な防御陣地にぶちあたった。第5戦車連隊による突破の試みは、1ダースほどの戦車を、主として砲兵の正確な射撃により失う結果となった。ロンメルがまったく知らなかったことではあったが、スビバは3個師団の基幹兵力を持つ第19軍団によって守られており、攻撃軍に対し兵力で完全に上回っていた。スビバ道の防御が頑強に固められていたことで、ロンメルはスビバへのより安全な経路はカセリーヌ峠を抜けてタラを経由するものであると確信するようになった。第21戦車師団に対しては、スビバ方面の連合軍へ圧力をかけ続けることが命じられたが、ロンメルはもはやこの方面を最良の攻撃路とはみなしていなかった。
　スビバを守る第19軍団には、ふたつの脅威が突きつけられていた。もっとも恐れられたのは、タラが陥落した場合、背後から包囲される危険であった。軍団はカセリーヌの防衛強化のために幾度となく部隊を派出することを余儀なくされていたので、全周防御を実施する力を残していなかった。2月21日、北部戦線の第5戦車軍が動きを見せ、また攻撃開始の兆しがいくつも確認されたことで、遅れに遅れたアルニムの攻勢がようやく始まることが現実となった。タラが危機に瀕し、第5戦車軍の圧力が強まったことで、連合軍は2月22日から23日の夜間にかけて、スビバから退却しロワに新防衛線を敷くことを決定した。だが第21戦車師団はこの退却を利用しようとはしなかった。この日の早くに戦局転換の方針がカセリーヌで決していたのである。
　2月22日午後、ロンメルは今後の作戦計画に関し、決断を下さねばならなかった。カセリーヌ峠への攻撃は当初はうまく進んだものの、断固たる抵抗に直面し、頓挫する結果となった。ドイツ空軍の偵察報告によれば、連合軍の増援がタラへ続々と送り込まれていることは確かであった。峠をぬけてのテベサへの攻撃は、タラからの連合軍の反撃に側面を衝かれる危険が大であり、勝利の公算が立たなかった。第21戦車師団のスビバ防御陣地への攻撃は重要な成功を収めておらず、この方面での成功には期待が持てなかった。この数週間の戦闘における独伊軍の人的損失は比較的軽微であった

ドイツ・アフリカ軍団（DAK）戦隊が退却したことで、2月26日、カセリーヌ峠へと戻る、米第1歩兵師団第16歩兵連隊第2大隊の兵士たち。

左ページ下●Sd.Kfz.263重装甲無線車を従えてカセリーヌ峠中を進む、第69戦車擲弾兵連隊の一隊。第10戦車師団は、ジェベル・センママのふもとで第6機甲歩兵連隊第3大隊の装備していた装甲ハーフトラックを大量に捕獲し、写真にみる通り自軍へと組み入れた。(NARA)

ものの、貴重な燃料と弾薬の消費は多かった。前線の戦車部隊用の燃料備蓄は航続距離250から300キロメートル分にまで落ち込み、弾薬備蓄も少なくなっており、マレト防御線を守る部隊の燃料備蓄はさらにこれを下回った。一連の攻勢作戦を前にしてアルニムが繰り返し主張したとおり、兵站能力こそが攻勢作戦に制約を課す基本的要素であった。即座に目を見張るような戦勝を収めない限り、決定的な戦略的勝利をえる機会はいまや消え去ろうとしていたのである。懸案であった中央チュニジアにおける連合軍の防御態勢は、ついにその強化が開始された。ロンメルはまた、モントゴメリーの第8軍が間もなくマレト防御線に対する攻勢作戦の準備を整えるであろうことを、考慮しなければならなかった。時ここに至ってロンメルは、連合軍の防備が固められたことにより、カセリーヌ峠を経由しての大勝利獲得の機会が失われたことを、認めざるをえなくなったのである。

　その日の午後、カセリーヌ峠の前線指揮所にロンメルを訪ねたケッセルリングは、ロンメルが「ひどく意気消沈した呈を見せ、その闘志はすっかり萎え、目標完遂への自信を失っていた。ロンメルが可能な限り現有兵力を維持したまま、可及的速やかに（マレト）防御線に駆け戻りたいとする切望を包み隠さずに示したことに、わたしはとりわけ衝撃を受けた」と語っている。両司令官は、撤退の時がきたことを共に認めた。また残る兵力は、モントゴメリーがやがて発起する攻勢の準備を整える以前に、その英第8軍に対する妨害攻撃をかけるのに使うべきであるとの結論に達した。ケッセルリングは未熟な米軍に対する戦術的勝利については満足していたが、その指揮下にある上級指揮官連中、なによりもアルニムの反抗的態度にいまもってなお腹を立てていた。ケッセルリングはイタリア軍最高司令部の承認を得て、枢軸軍の指揮機構の変革を処断した。在チュニジアの全枢軸軍はアフリカ軍集団の指揮下に置かれ、2月23日付でロンメルがその司令官となった。ケッセルリングはこれで上級指揮官の間に続いた反目と論争に終止符が打てるものと信じた。だがこの望みも長続きしなかった。ロンメルは病気療養のために、3月9日にチュニジアを離れることになったのである。

　アルニムが2月22日の実施を約束した、北部での攻勢が実現されることは無かった。英第5軍団がタラへあまりにも多くの部隊を派出していたので、アルニムは英軍防御が手薄となったこの機会を利用して、2月26日に攻撃をかけることを提案した。攻撃は急遽立案、実施されたが、英軍により手ひどくはねつけられた。ドイツ軍は戦闘と機械故障により戦車の大半を失ってしまった。

　カセリーヌ戦の最後の段階において、連合軍側でも指揮機構の重大な変革が実施された。英第1軍に米軍が従属していたのに対し、仏軍が半独立的な立場を維持していたことは、ジュアンやコルスのように現地指揮官が協力的な態度をとっていた事例を除けば、厄介な事態を引き起こしただけであった。カサブランカ会談において連合国の首脳は、英軍のハロルド・アレクサンダー将軍を司令官とする新制の第18軍集団の下に全連合軍地上部隊を統括する、新指揮機構の設立を提案した。アイゼンハワーは戦闘が続く中でのフリーデンダールの更迭をためらい、代案として猪武者の性癖を持つ在モロッコの第2機甲師団長、アーネスト・ハーモン少将を軍団長補に任じ、御目付役として派遣した。

　2月22日1415時、ドイツ軍に撤退命令が出された。翌日、独伊軍の大半

はカセリーヌ峠を去った。2月23日の連合軍の行動は用心深いもので、ドイツ軍が撤退に踏み切ったことを理解しておらず、さらなる攻撃を予期していた。翌日、部隊はドイツ軍の前線に探りを入れ始めた。本格的な峠の奪還の試みが開始されたのは、ようやく0630時になってのことであった。2月25日、第1歩兵師団第16歩兵連隊の支援を受けた第1機甲師団B戦闘団は峠の南側に沿って進み、英第26機甲旅団は北側沿いに進んだ。連合軍の行く手に立ちはだかったのは、数知れぬほどの地雷と仕掛け爆弾であり、このときまでにドイツ軍陣地はもぬけの殻となっていたのである。

　戦況に一段落がついたことで、人事異動が着手された。アイゼンハワーは情報部門の長であったE・E・モックラー＝フェリーマンを解任した。エニグマ暗号解読への過度の信頼が、枢軸軍の意図に関する判断を大きく誤らせたというのがその理由であった。フリーデンダールの傲慢な指揮方法には米軍の各師団長から広く不満の声があがり、またアレクサンダーはその指揮ぶりを極めて拙劣とこき下ろした。アイゼンハワーは在モロッコの第1機甲軍団長であったジョージ・S・パットン将軍を、第2機甲軍団長へ移した。米軍の分散を防ぎ、英、仏、米軍部隊の意味の無い混合を防ぐために、アンダーソンの第1軍は引き続き英第5軍団と仏第19軍団を指揮下に置いたが、米第2軍団はアレクサンダーの第18軍集団の司令部直轄として半独立的な地位を獲得した。現実には、フランス軍の装備状況は劣悪だったため、部隊は戦線から下げられて、完全な装備更新と部隊再編に入っていた。

　1943年3月に入ると、連合軍はふたつの戦略的イニシアチブの獲得に乗り出した。エニグマ暗号の解読から在チュニジア枢軸軍のアキレスの踵が、地中海を渡るか細い兵站線にあることが、ますますはっきりとしていた。すでに在チュニジア部隊への増援が不可能となっていたばかりでなく、燃料と弾薬の補給量が激減した結果、最低限の必要量すら割る事態となっていた。英海軍が活動を活発化させ輸送船や商船を攻撃したことで、枢軸軍の海上補給路に打撃を与えていたのである。ふたつ目の戦略的イニシアチブは、チュニジアにおける連合軍航空戦力を大幅に増強したことであった。ドイツ軍はチュニジアにほど近いシチリアに多くの基地を確保できていたので、依然として強力な航空支援作戦を実施していた。しかし、1943年3月に入ると、連合軍は前線飛行場の整備に一層の拍車をかけ、英空軍（RAF）と米陸軍航空隊（USAAF）はドイツ空軍から制空権を奪うための戦いが可能となったのである。

　米第2軍団の司令官交替に加えて、米師団の残余部隊を進出させて師団としての編成を完結することにも、多くの努力が払われた。2月の戦いでみられた重大な問題点のひとつには、米師団の作戦参加が不完全なものであったことが挙げられる。どの米師団をとっても師団全力をもって戦ったものは無く、作戦能力も当然それなりのものでしかなかった。第1機甲師団はモロッコで手持ち無沙汰の第2機甲師団から戦車と乗員を引き抜いて、再編成に入った。同師団は3月の初めには充足率80パーセント、同半ばには完全戦力となった。追及中であった第1、第9、第34歩兵師団の諸隊も到着したことで、師団を一体としての再配置が実施されたのである。

モントゴメリーへの支援：「ワップ（イタ公）」作戦
SUPPORTING MONTOGOMERY: OPERATION WOP

　カセリーヌ戦が終了したことで、チュニジア戦の焦点は南へと移った。ロンメルの注意は、マレト防御線を挟んで対峙するモントゴメリーの第8軍のもたらす脅威へと転じた。ロンメルがチュニジアを離れる前にとった最後の行動は、3月6日に第8軍の左側面、メドニン近くの第30軍団に対して放った、第10戦車師団による攻撃であった。エニグマ暗号の解読で事前警報を受けていたことで、モントゴメリーは前線に対戦車砲を増強しており、ドイツ戦車に大損害を与えた。ロンメルは3月9日、ついにチュニジアをあとにし、アフリカ軍集団の指揮はライバルであるアルニムへと引き継がれた。戦略的主導権が連合軍へと移りつつある中、3月を通しての米軍の行動は、マレト防御線におけるモントゴメリーの突破作戦の支援にあてられた。モントゴメリーの作戦は、3月16日から17日にかけての夜間に発起された。

　米第2軍団の、カセリーヌ戦後の初めての軍事行動は、マレト作戦への直接支援であった。アレクサンダーはいまだ米軍の作戦能力に確信をもっておらず、主戦場から離れた地点での戦術的勝利が容易に望める、適正な規模の一連の作戦を実施させることで、戦闘経験に乏しい米軍部隊に経験を積ませるとともに、第1機甲師団のような士気潰乱を経験した部隊に自信を回復させることができると考えていた。もっとも成果の上がる作戦は、マレト防御線の右側面に対して、テベサを発してガフサを通り海岸へと達する進撃を実施することであった。パットンはこの「ワップ（イタ公）」作戦の狙いを、アメリカ南北戦争の第二次マナサス戦においてストーンウォール・ジャクソンが実施した、主力を支える側面攻撃と同じものと見た。ケッセルリングはイタリア軍の発したガフサへの脅威警報を軽視していたが、アルニムはこれに留意し、「チェンタウロ」師団と第21戦車師団の一部による3月19日の妨害攻撃を計画した。しかし先手を取ったのは米軍であった。

　米軍団の諸隊には、盾と剣のふたつの役が割り当てられた。盾役は、シ

1943年3月22日の朝、マクナシィへと入る第1機甲師団A戦闘団。木の下におかれているのは、M6GMC・37mm砲搭載戦車駆逐車。（NARA）

3月17日、ガフサは第1歩兵師団により奪還された。写真は記事のために取材メモを取る従軍記者。興味深いのは、背後に写った兵士で、前月に支給されたばかりの新兵器、口径2.36インチ（60㎜）バズーカ・ロケット砲を肩に担いでいる。（NARA）

バ地区を守る第34師団と、カセリーヌ峠の南から先の西ドーサル山地を守る第9歩兵師団であった。カセリーヌ峠にあった第1機甲師団は、その主力を峠から発進させ、ガフサを北側から攻略するための陣地を獲得することになっていた。剣役は、テリー・アレンの第1歩兵師団と第1レンジャー大隊が務め、フェリアーナ地区からガフサへ向かうことになっていた。ガフサ地区を守る枢軸軍は、若干数の戦車と砲兵の支援を受けた2個イタリア軍歩兵大隊であった。守備隊の任務は米軍進出の遅延にあると見られたが、交戦開始とともにすぐに撤退を始めるものと思われていた。

　3月16日から17日の夜間にかけて、第16および第18歩兵連隊はトラックに乗り72キロメートルの行軍を続け、夜闇に包まれた中、ガフサ郊外で陣についた。突撃発起は午前の半ばまで延期されたが、米歩兵が小さな警戒外哨陣地に踏み込むと、すでに守備隊は撤退したあとであった。3月18日、第1レンジャー大隊は、隣接するエル・ゲタールを占領した。反撃を警戒して一日、現地に止まり、次段作戦である第1機甲師団によるセネド駅への進撃は3月19日の開始が予定されていた。しかし、計画は雨天により延期された。小流が溢れて一帯が水浸しとなり道路が泥沼と化したことで、機械化部隊の前進は困難となったのである。セネド駅への攻撃はガフサ道沿いに進むA戦闘団により実施され、第9歩兵師団から配属された第60歩兵連隊は、C戦闘団の支援を受けながら、ジェベル・グーサを越え、街を北側から攻略した。意表をついた敵の出現に守備隊は圧倒され、一部は南へと脱しセネド村に逃げ込んだが、3月23日には投降した。「ワップ」作戦の帰結は、マクナシィに狙いを定めることでドイツ軍の側面を脅かす示威行動になるものと見られていた。しかし枢軸軍の抵抗が無いに等しく、ことのほか作戦が順調に進んだことで、作戦目標は拡張されて、マクナシィ東側の尾根の制圧と、さらに東のメッズーナ飛行場への機甲襲撃が実施されることになった。3月21日の夜、A戦闘団はマクナシィへの進撃を続け、日の出後に斥候を市街に送り込んでみると、敵はすでに街を放棄したあとであった。

　第2軍団の任務はさらに拡張された。モントゴメリーはアレクサンダーに対し、米軍団がスファクス＝ガベー道沿いに機甲突進を実施することにより、マレト防御線は背後を遮断される危機に陥るため、現在進行中のマレト防御

82頁へ続く

■「ワップ」作戦 1943年3月16〜23日

■エル・ゲタールの第10戦車師団：1943年3月23日黎明時

　1943年3月23日の夜明け前、エル・ゲタールへと続く峡谷をぬける15号道上を急行する、第10戦車師団の戦闘団。第7戦車連隊の装備するⅣ号戦車G型（1）が行軍縦隊を先導し、Sd.Kfz.251ハーフトラック、捕獲したM3ハーフトラック、各種トラックに分乗した戦車擲弾兵部隊（2）が後続する。夜明け少し前に先頭を行く戦車数両が道路両側の斜面上に「射撃による威力偵察」を実施、米兵の埋伏していそうな場所に機関銃を撃ち込んで探りを入れる。第18歩兵連隊は丘陵群の上方に塹壕を掘り布陣していたので、反応はほとんどなかった。戦闘団は抵抗を受けぬまま15号道を突き進んだ。昼近くになって、米軍砲兵が縦隊に砲撃を浴びせ始めたことで、戦闘団は戦闘隊形に展開した。戦車が前に出て攻撃隊形をとり、歩兵がその内側を徒歩で続いた。上方の丘にいたある米軍将校は、その姿を「峡谷を下ってゆく巨大な鉄の要塞」のようだったと述べている。この当時の第10戦車師団の戦力は戦車57両にまで減少していた。数ヶ月前の攻勢発起時点では保有戦車は159両であった（Ⅱ号戦車21両、Ⅲ号戦車114両、Ⅳ号戦車24両）。75mm長砲身砲を装備するⅣ号戦車G型は16両のみであった。この戦車は米軍のM4中戦車と同格であり、イラストでは攻撃の先鋒を務めている。

　砂漠におけるドイツ軍の戦車戦術は細心な猟師のゆっくりとした動きを呈したものであり、騎兵の勇猛な突撃とはかけ離れていた。この動きにより巻き上がる砂塵は少なく、戦車を目立つ目標とせずに済ますことができた。さらに、攻撃第一波に続行する戦車と戦車擲弾兵の視界が、舞い上がる砂塵の雲に覆われることも無くなった。欠点を挙げれば、敵砲火の下でのゆっくりとした前進は、戦車擲弾兵にとっては恐怖以外の何ものでもなく、損害が甚大なものになることが予測された。それは、この日の戦闘で証明されてしまった。微弱な抵抗を排除しながら、戦車の「鉄の壁」は峡谷を間断なく押し進み、ついに第601戦車駆逐大隊のハーフトラック式戦車駆逐車が備える75mm砲の射程内に入った。同隊は第1歩兵師団の2個野戦砲兵大隊の警戒前哨を務めていた。第601大隊は充分な戦果を挙げた。大隊自身は、戦車駆逐車21両を失ったものの、敵戦車30両を撃破と報告している。同大隊はまた野戦砲兵を手伝って、榴弾と機関銃火力で攻撃するドイツ歩兵を叩いた。熾烈な砲火をおして、「鉄の要塞」は砲兵陣地へと突入し、米軍の増援到着によりついに行き足を止められた。戦闘団は午後早く、血みどろの部隊の戦力回復を図るため峡谷内を後退した。攻撃は日暮れ時に再興されたが、午前の損害が原因して戦車の数はめっきりと減っていた。ドイツ歩兵は対戦砲兵と機関銃の猛火になぎ倒され、米軍陣地に到達できなかった。第二次攻撃をその目で見たジョージ・パットンは、「なんてこった、かくも善良な歩兵を皆殺しにしたとあっては、これじゃまるで犯罪だ」と述懐している。この日の終わりには、第10戦車師団の戦力は可働戦車26両にまで落ち込んだ。後日、上級司令部に送られた報告書には、この攻撃後の師団は「回復困難な状況」にあるとされていた。

連合軍部隊（ブルー）
1. 第601戦車駆逐大隊A中隊
2. 第601戦車駆逐大隊B中隊
3. 第601戦車駆逐大隊C中隊
4. 第899戦車駆逐大隊
13. 第17野戦砲兵連隊（155mm榴弾砲）

第1歩兵師団
5. 第16歩兵連隊第2大隊
6. 第16歩兵連隊第3大隊
7. 第18歩兵連隊第1大隊
8. 第18歩兵連隊第2大隊
9. 第18歩兵連隊第3大隊
10. 第26歩兵連隊
11. 第5野戦砲兵大隊（155mm榴弾砲）
12. 第32野戦砲兵大隊（105mm榴弾砲）

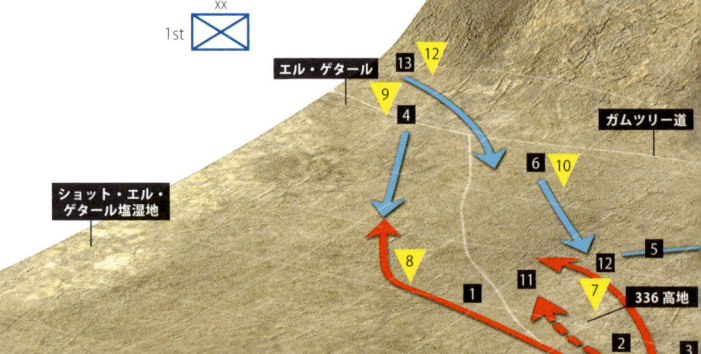

エル・ゲタール
ガムツリー道
ショット・エル・ゲタール塩湿地
336高地
ジェベル・ベルダ

▽ 作戦の進展

1. 3月22日、ガベー道沿いに敷かれたチェンタウロ師団の防御陣地を第18歩兵連隊が突破。
2. 第26歩兵連隊がガムツリー（ゴムの木）道沿いに進撃して、伊軍防御を圧迫。
3. およそ0500時、第10戦車師団戦闘団がガベー道を上り、ジェベル・エル・ムシェルタの第18歩兵連隊陣地に威力偵察を実施。
4. 黎明時に戦車擲弾兵分遣隊が徒歩にて進発。ジェベル・ケルーアの一部を確保して、アフリカ軍団（DAK）前進指揮所とした。
5. 戦車擲弾兵分遣隊が本隊を離れ、ひとつはジェベル・エル・ムシェルタ山麓の丘陵群に入り、南へ向かった一隊はジェベル・ベルダの米軍陣地に対抗した。
6. 早朝、攻撃主力が第7戦車連隊の2個大隊を前面に押し立てて、隊形を整える。のち戦車擲弾兵を従えてガベー道をエル・ゲタールに向けて、ゆっくりと進んだ。
7. ドイツ軍の攻撃は戦車駆逐車により遅滞させられたが、336高地麓の米軍砲兵陣地へと突入した。ドイツ軍の突進は、戦車駆逐車、砲兵、第16歩兵連隊との接近戦に巻き込まれたことで停滞。
8. ドイツ軍の戦車分遣隊はエル・ゲタールへの進撃を継続。西のショット・エル・ゲタール塩湿地で数両の戦車が足をとられる。
9. 第2軍団から、第899戦車駆逐大隊（3インチ砲装備のM10戦車駆逐車）を含む増援部隊の到着が始まる。同大隊は7両の駆逐車と引き換えに、ドイツ軍の先鋒戦車隊を止める。
10. 第16歩兵連隊第2大隊を支援するために、ガムツリー道沿いに布陣していた第16歩兵連隊第3大隊が前進。
11. 483高地麓の丘陵群に侵入したドイツ軍に対し、第16歩兵連隊第2大隊E中隊が限定的な反撃を実施。
12. 第17野戦砲兵連隊の主力を含む、第2軍団からの増援がさらに到着。
13. 正午頃、戦闘団が退却を開始。
14. 1645時、戦闘団は攻撃を再興したが、砲兵弾幕射撃により粉砕される。1845時頃より退却を開始。

■エル・ゲタール 1943年3月23日
米軍、ドイツ国防軍に対し最初の勝利を収める
注：図上のグリッドの一辺は3.2キロメートル（2マイル）

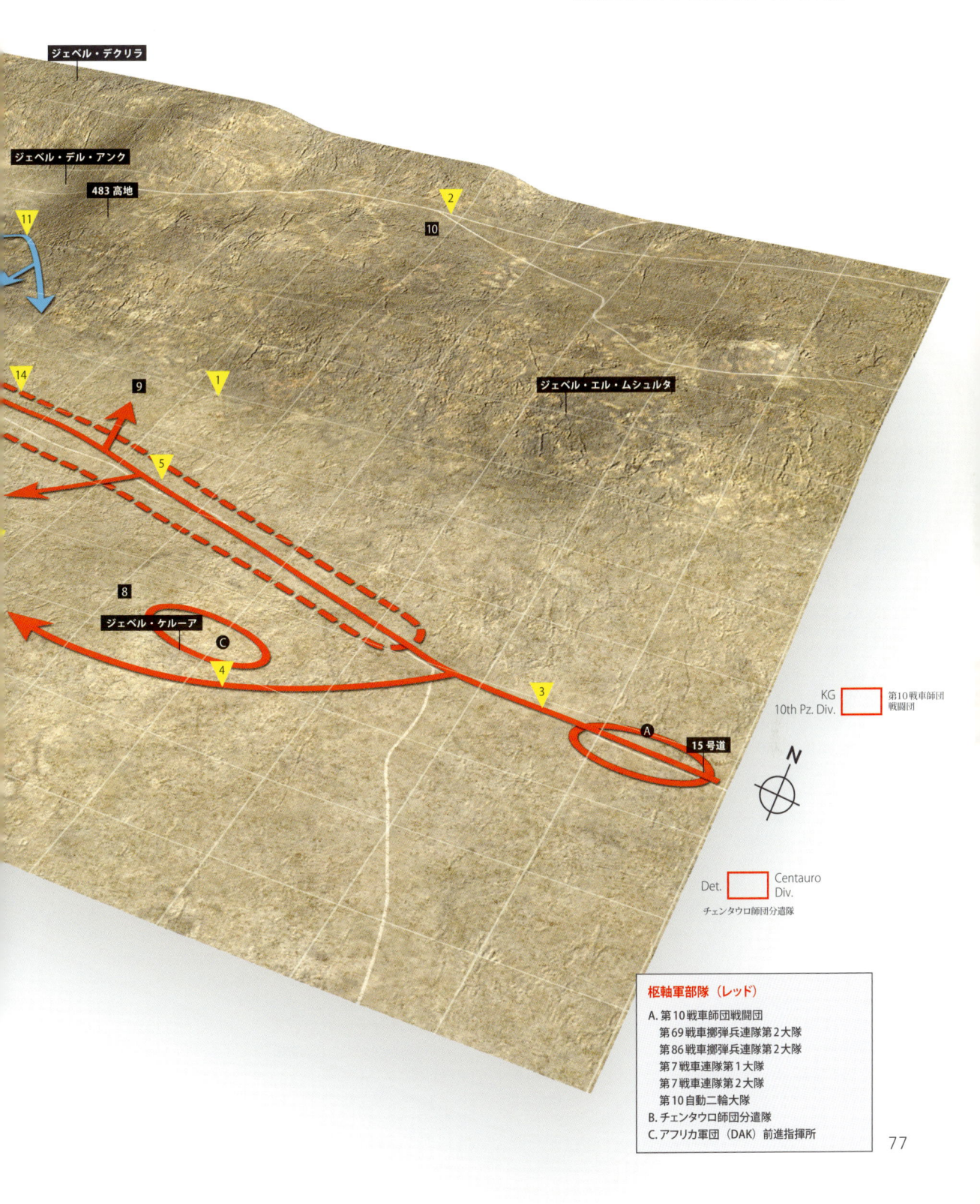

ジェベル・デクリラ

ジェベル・デル・アンク
483高地

ジェベル・エル・ムシュルタ

ジェベル・ケルーア

15号道

KG　　第10戦車師団
10th Pz. Div.　戦闘団

Det.　　Centauro Div.
チェンタウロ師団分遣隊

枢軸軍部隊（レッド）
A. 第10戦車師団戦闘団
　　第69戦車擲弾兵連隊第2大隊
　　第86戦車擲弾兵連隊第2大隊
　　第7戦車連隊第1大隊
　　第7戦車連隊第2大隊
　　第10自動二輪大隊
B. チェンタウロ師団分遣隊
C. アフリカ軍団（DAK）前進指揮所

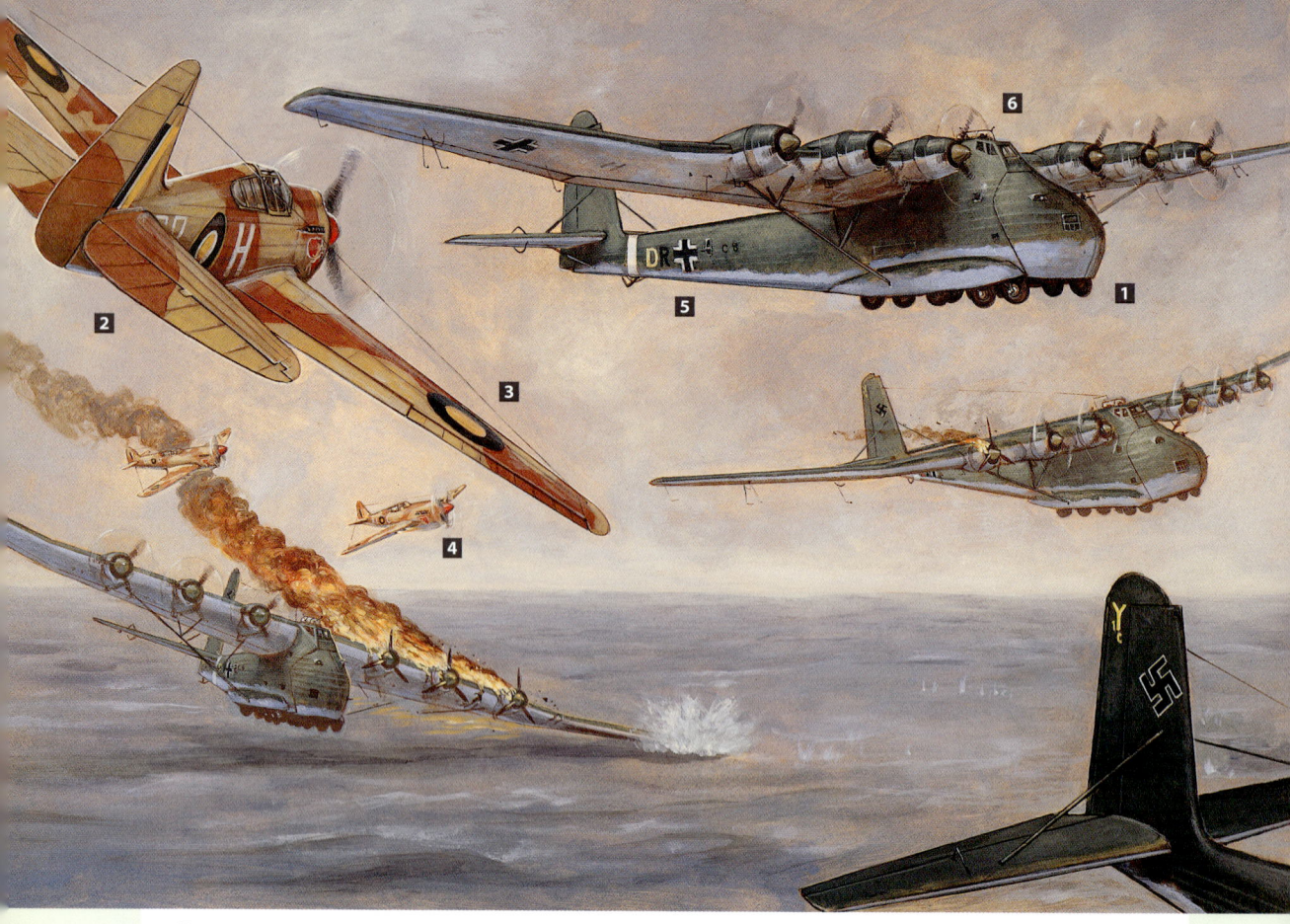

■「フラックス」作戦：ボン岬沖の大虐殺、1943年4月22日

　4月、海路輸送の危険はますます増大していたので、アフリカ軍集団の補給状況は危機に瀕していた。重要物資は空路で運ばれていたが、これもまた1943年4月5日に開始された連合軍の「フラックス」作戦に苦しめられることになった。連合軍の成功はたちまち確定された。4月5日、哨戒飛行中であった米軍のP-38戦闘機26機が、ボン岬沖北西洋上で約60機のJu52輸送機と2ダースの護衛戦闘機からなる編隊を捕捉、輸送機11機と他5機を撃墜した。戦果はすぐに加算され、4月10日には輸送機20機と戦闘機8機、4月11日には輸送機26機と戦闘機5機を撃墜した。だが悪夢の訪れはまだ先であった。4月18日、キリスト復活祭直前の日曜日、連合軍戦闘機はボン岬沖で巨大な輸送編隊を攻撃し、戦闘機7機の喪失と引き換えに、Ju52輸送機100機と護衛戦闘機16機を撃墜したと報告した。それでもアフリカ軍集団の逼迫した補給状況は、過酷な任務の遂行を正当化した。

　聖木曜日の4月22日に新たな大輸送編隊が組まれた。パイロットにはボン岬を避けろとの指示が与えられていた。この日のミッションには、第106特別飛行部隊（z.b.v.）のJu52輸送機10機とイタリアのポミグリアーノ空軍基地を発した第323特別飛行部隊（z.b.v.）の巨大なMe323ギガント輸送機15機が含まれていた（1）。Me323輸送機1機が離陸時に墜落したものの、残るギガントは39機のMe109戦闘機を護衛に伴って、0830時チュニジアのファリーナ岬を目指して飛行した。今もって理由は不明だが、Me323輸送機の編隊長は行程の半ばでJu52編隊と分かれることを命じ、数を減らした護衛戦闘機とともにボン岬へと向かった。0925時、ギガント編隊はボン岬とゼンブラ島の間の地点に到達。たちまち、英空軍（RAF）のスピットファイア戦闘機2個中隊と南アフリカ空軍（SAAF）のP-40キティーホーク4個中隊からなる（2）、連合軍戦闘機隊の迎撃を受けた。南ア空軍は国籍標識のラウンデルに描かれたオレンジ色（3）と機首の飛行隊マーキング（4）が目印であった。数に優る連合軍戦闘機隊は、瞬く間に護衛戦闘機をギガントから引きはがし、キティーホークが海面を這うように飛ぶ巨大で脆弱なギガントに対して、情け容赦ない攻撃を開始した。総計で燃料用ドラム缶700本と弾薬数トンを満載していたギガントは、射撃を受けるごとに巨大な火の玉と化した。南ア空軍の第4、第5飛行中隊の手により13機のギガントが撃墜された。辛くも難を逃れた1機も、英空軍第260戦闘機中隊のスピットファイアに追尾され、撃墜された。「聖木曜日の大虐殺」として知られるようになったこの一件の後、ドイツ空軍による輸送任務は夜間飛行に転換され、在チュニジアのドイツ軍に対する空路補給はとどめを刺されたも同然となった。イラストの上方に描かれたMe323には第Ⅱ飛行隊第6中隊（5）のマーキングが描かれている。操縦席後方には、He111爆撃機式風防付きの機関銃座（6）が見える。これはチュニジア戦にあたって、防御力強化のために導入されたものである。

■北部チュニジアにおける米第2軍団の作戦、1943年4月23日～5月9日

3月の作戦間、ドイツ空軍は常に大きな脅威をもたらした。1943年3月23日、エル・ゲタール近郊に布陣したM1・40㎜高射機関砲。（MHI）

右ページ上●1943年3月23日、エル・ゲタール近くに停めたM2A1指揮ハーフトラックの前で計画を練る、第601戦車駆逐大隊の二名の将校。背後に見えるのは、大隊の装備するM3GMC・75㎜砲搭載戦車駆逐車の一両で、第10戦車師団を相手のこの日の戦闘で、重要な役割を果たした。（NARA）

右ページ下●チュニジアで戦った米軍の多くは旧式兵器を装備していた。写真はM1918A3下部砲架にM1918・155㎜榴弾砲を組み合わせたもので、第一次大戦時のフランス製シュナイダー砲の改良版である。1943年3月23日、エル・ゲタール近郊で射撃中の砲兵中隊。（NARA）

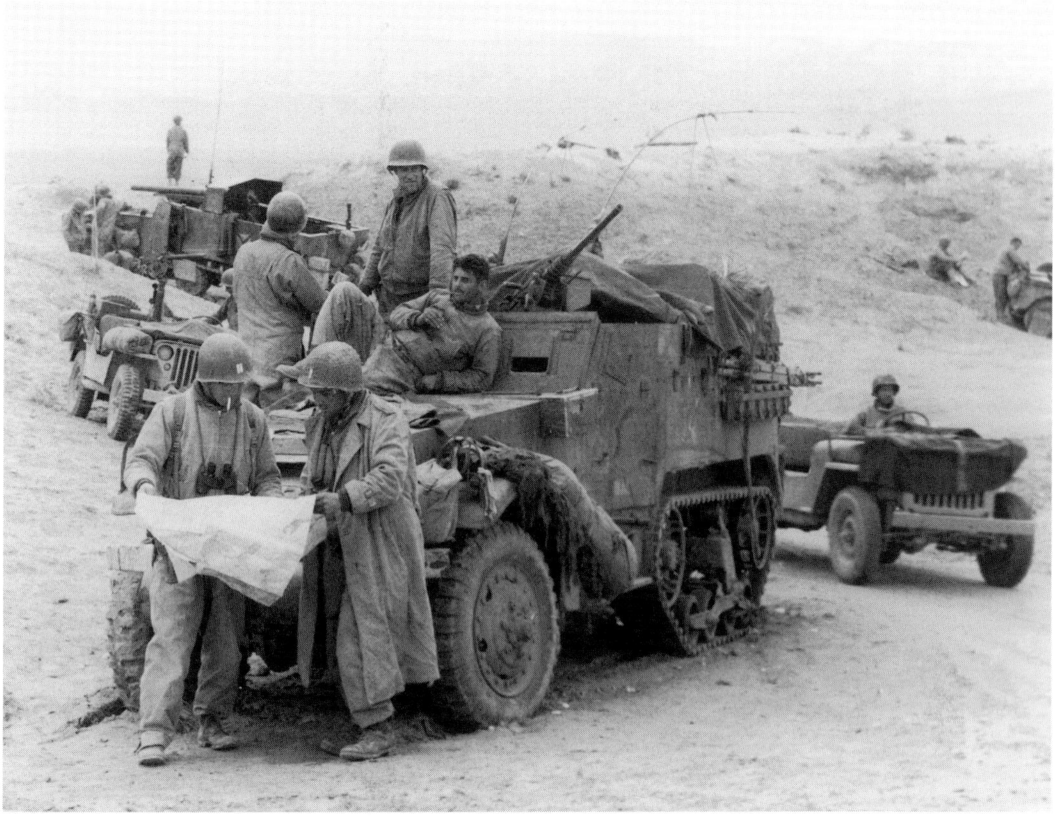

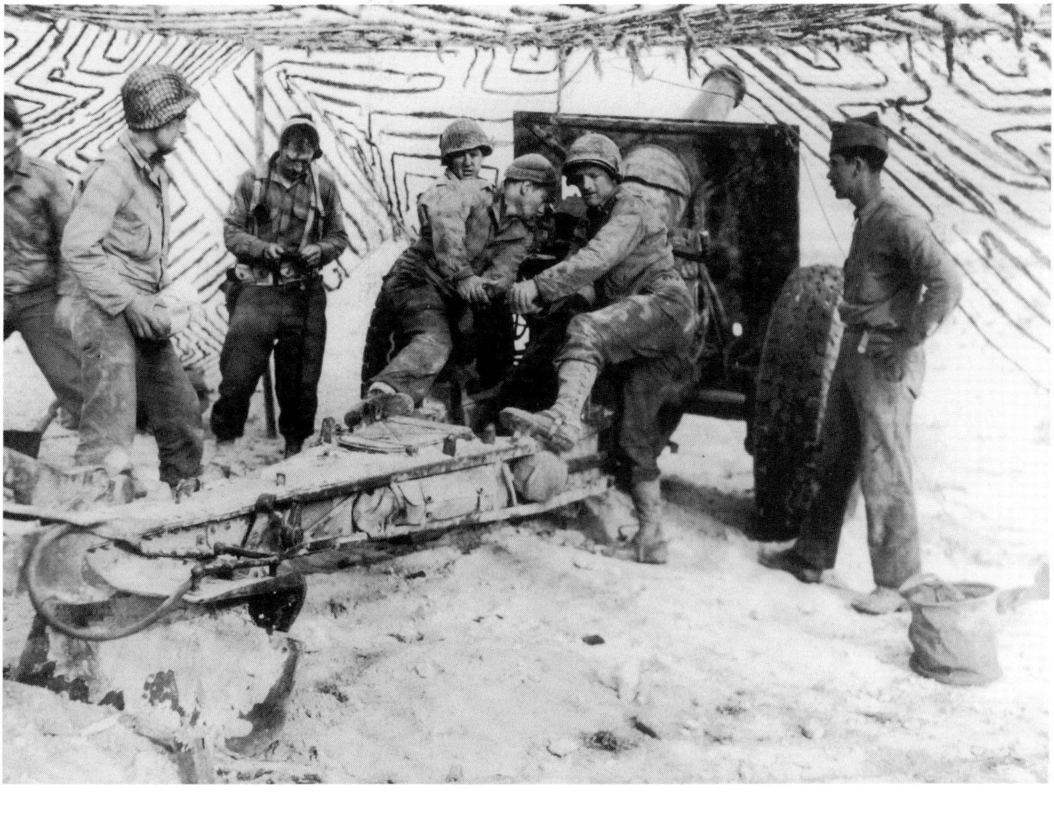

線攻略を間接的に支援することになると説いた。アレクサンダーはこの攻撃案をやや冒険的にすぎると判断し、パットンに対し第2軍団にマクナシィを通過させて押し出しマハレ周辺のドイツ軍兵站線を襲うという、より限定的な作戦の実施を命じた。

　アレクサンダーの予期した通り、第2軍団の進撃はアルニムに憂いをもたらした。アルニムは第5戦車軍の新司令官であるフェールスト将軍に対し、予備から兵力を抽出しマクナシィ東側の丘陵群を確保するとともに、第10戦車師団をもってガフサ地区の米第1歩兵師団を攻撃することを命じた。防御の焦点は322高地であった。この地点はマクナシィを出て東へぬける峠を制していた。アルニムはアフリカ軍団の支隊をこの重要地点に布陣させた。この部隊は、かつてはロンメルの個人警護部隊であった。

　マクナシィから東への前進は、3月22日の日付が変わる少し前の深夜に、第6機甲歩兵連隊第1大隊と第60歩兵連隊第3大隊により開始された。それはアフリカ軍団の増援が到着した後のことであった。一部の峠の奪取に成功したものの、322高地の守りは堅く、繰り返された歩兵攻撃はすべて撃退された。砲兵と戦車の支援が与えられた3月23日の数度にわたる攻撃も失敗に終わり、アフリカ軍団は高地の増援としてラング戦闘団を送り込むことができた。パットンは攻撃の遅れに憤り、師団長のウォード将軍に対し、翌日の攻撃では陣頭指揮にたつことを命じた。5月25日午前の第6機甲歩兵連隊の攻撃は高地の一部を奪取してみせたが、ドイツ砲兵の猛射により米軍は退却せざるをえなかった。これでパットンの関心は南西方向へと転じたのである。

　3月20日にエル・ゲタールを発した第1歩兵師団の進撃は続き、ガフサ＝スファクス道沿いの峡谷にあるイタリア軍「チェンタウロ」師団の陣地にぶつかった。師団指揮下の各連隊は丘陵群によって分断され、第26歩兵連隊はスファクスへと延びるガムツリー（ゴムの木）道を進んだ。3月23日の夜明け前、第10戦車師団の戦闘団が第16歩兵と第18歩兵連隊の陣地に挟まれた、ガベー＝ガフサ道を進み始めた。戦闘団は戦車と装甲ハーフトラックに搭乗した戦車擲弾兵により構成され、後方にさらに多くのトラックに分乗した歩兵部隊を従えて、隊形を整えて白昼堂々と路上を進んだ。第1歩兵師団は峡谷の両側の丘陵に沿って前進中であったため、峡谷内にはドイツ軍の行く手を阻む防御部隊はいなかった。ドイツ軍の先鋒はまず、師団砲兵の前面に展開した第601戦車駆逐大隊にぶつかり、至近距離からの激しい砲兵射撃がこれに加わった。戦車駆逐車はドイツ軍の進出を遅らせることはできたが止められはしなかった。ドイツ軍部隊は2個野戦砲兵大隊の陣地に突入し、そこで停止した。損害が大であったため、ドイツ軍は3キロメートルほど後退して、シュトゥーカ急降下爆撃機による米軍陣地爆撃を待つ間、尾根の陰で再編成をおこなった。攻撃は午後遅く1645時になってようやく再開された。シュトゥーカの爆撃はあまり効果が無く、攻撃再開の遅れは米軍に部隊を立て直す時間を与えてしまった。再開された攻撃は、たちまち頓挫した。第18歩兵連隊の戦闘報告によれば、「我が軍砲兵は敵を散々に叩き、ドイツ兵は蝿のようにばたばた倒れた」と記されている。3月23日の攻撃失敗と大損害により、第10戦車師団はもはや第1歩兵師団に対する攻勢を継続できなくなり、逆にかろうじて敵の進撃を食い止めていた。エル・ゲタール戦の勝利は米軍将兵の士気を大いに高揚させ、アルニムは米軍がカセリ

1943年3月、マクナシィ周辺で低空攻撃を実施するA-20中爆撃機の三機編隊。

ーヌ戦から成長したことを思い知らされたのである。

　アレクサンダーは米第2軍の作戦能力を信頼し始め、かつマレト防御線へのモントゴメリー攻勢への支援が立派に果たされたことで、3月25日、より野心的な作戦の立案に入った。マクナシィをぬけての進撃が、峠のドイツ軍が守りを固めたため無用となったことで、これに替えて、第1機甲師団がエル・ゲタールからガベーに向けての前進に加勢することになった。さらに、第9および第34師団が防御任務から解放されたことで、第34師団には、フォンドゥーク・エル・オーレブで東ドーサル山地をぬける峠のひとつを突破する任務が与えられた。また第9師団にはガベーへの攻撃の支援が命じられた。

　攻撃は3月28日から29日にかけて、まず第2軍団の南側面で第9師団が

移動に移ったことで開始された。歩兵の前進はきわめて険峻な地形と、岩場にしっかりと陣地を築き頑強に抵抗するイタリア軍のために、遅々として進まなかった。前進の遅れは第9師団が4月1日か2日まで、主攻勢発起地点に到達できないことを意味していた。第1歩兵師団は、開豁地を速やかに進んだが、ドイツ軍の観測に暴露されたことで砲兵により叩かれた。進撃は師団の2個連隊がジェベル・エル・ムシェルタの丘陵群に分け入ったことで、速度を落とした。フォンドゥーク付近での第34歩兵師団の作戦がうまく進んでいなかったことで、アレクサンダーはパットンに対し、モントゴメリーの第8軍が枢軸軍の第二次防御線であるショット陣地への攻勢準備を整える間、枢軸軍を劣勢におくために、米第2軍団のガベーへの攻撃を促進するよう命じた。パットンは、クレランス・ベンソン大佐の率いる第1機甲師団の機甲任務部隊（タスクフォース）の使用を決心した。第8軍との戦闘が平穏化したことで、アルニムはエル・ゲタール方面に対し、第21戦車師団の大部分とアフリカ戦車擲弾兵連隊を含む、増援部隊を差し向けることが可能となった。

　3月30日正午に発起されたベンソン任務部隊の攻撃は、ジェベル・ムシェルタと369高地間の峠で、地雷原に入り込んで身動きが取れなくなっていた。峠の両側に支援歩兵が展開して実施された翌日の広正面攻撃では、いくぶんか前進することができたが、ドイツ対戦車陣地に阻まれたことで峡谷突破は失敗に終わった。とくにこの日はドイツ空軍の活動が活発で、延べ151出撃が数えられた。さらに翌日、マクナシィ近郊でA戦闘団による牽制攻撃が試みられたが、これといった効果はみられなかった。アレクサンダーは攻撃案を再度変更し、戦車による突進よりも歩兵突撃を重視することを要求した。パットンは第2軍団戦区での連合軍航空支援の拙さにとりわけ批判的になっていた。この問題に関する協議のため航空隊の上級指揮官らがパ

トンプソン短機関銃を手に、エル・ゲタール近くの陣地に放棄されたイタリア軍の47㎜対戦車砲へと駆け寄る、第601戦車駆逐大隊の隊員。3月23日の戦闘間の撮影。（NARA）

エル・ゲタール南東での戦闘間、ビル・ムラボー峠へと移動する第1機甲師団の戦車を背後に、前線陣地への電話線を敷設する準備にあたる兵士。(MHI)

ットンの司令部を訪ねたその日には、ドイツ空軍機がパットンの司令部の近くに爆弾を落として、怒りの火に油を注ぐという珍事もあった。

続く数日間は、ガベー道の両側に広がる丘陵と荒地での、歩兵小部隊による激烈な戦闘の連続となり、両軍共に損害はうなぎ上りとなった。パットンは第1機甲師団の作戦指導が気に入らず、師団長のウォードを更迭して第2機甲師団長のアーネスト・ハーモンを後任に据えた。

4月6日の晩には、ショット陣地を巡るモントゴメリーの第8軍の戦いは重大局面を迎えていた。そこでアレクサンダーはパットンに対し翌日、戦いを勝利へと導くために、損害を無視して、広正面における突撃を実施することを命じた。実際には、戦いの行く末を見据えたドイツ軍はその夜、猛烈な弾幕砲撃の掩護の下、丘陵群から部隊を引き揚げ始めていた。4月7日早朝、米軍が行動を開始してみると、ドイツ軍の抵抗は微弱であり、パットンは急遽、ベンソン任務部隊を突進へと駆り立てた。ベンソン隊の先鋒は、セブクレ・タン・ヌアルで英軍偵察隊の先鋒と連接した。これにより米第2軍団のチュニジア中南部での作戦は完了し、米軍はチュニジア戦の新段階へと入ったのである。

唯一の例外は、フォンドゥーク＝ピション峠を攻撃する英第1軍の支援にあたっていた第34師団であった。最初の一連の攻撃は3月27日に開始されたが、峠の南側の丘陵群に陣取った敵の抵抗により頓挫した。アレクサンダーは敵の厳重な防備に対して投入した兵力が少な過ぎたことを理解した。第二次攻撃は、第34師団を南側、仏第19軍団と英第9軍団の一部部隊を配して、4月8日に発起された。攻撃初日は、ドイツ軍の激しい抵抗を受けたことと、英第6機甲師団の戦車が事前調整も無いまま第34師団の戦区に割

り込んできたことで、不満の残るものとなった。英軍機甲部隊の進撃は、各峠にびっしりと埋められた地雷により停止させられた。しかし、英軍戦区のジェベル・アン・ネル・ロラブを奪取できたことでドイツ軍の防御は瓦解の危機に瀕した。英機甲部隊は、第9軍団と第34師団の作戦境界に沿って峠の地雷原をくぐり抜け始めた。4月9日の戦闘では、いくつかの米英協同作戦が見られるようになった。諸峠を守るドイツ軍が頑強な抵抗ぶりを示した理由は、少なくとも4月10日まで抗戦を続けることで、ショット陣地から退却する枢軸軍の側面を掩護する任務が与えられていたことにあった。英第9軍団がケルーアンまでの諸峠を突破してしまえば、枢軸軍のかなりの部分が袋のネズミとなってしまうのである。各峠のドイツ軍守備隊は粘り強く戦ったので、英第6機甲師団がようやくフォンドゥーク・エル・オーレブ峡谷から抜け出せたのは、4月10日1000時をすぎてのことであった。枢軸軍の撤退に重大な影響を及ぼすには、まったくの手遅れであった。

　フォンドゥーク＝ピション峠を予定通りに突破するのに失敗したことで、英米の将校団の間では非難の応酬が始まっていた。英第9軍団長ジョン・クロッカー将軍は、諸峠を迅速に制圧できなかった原因は、米第34師団の訓練不足に求められると主張した。しかし、米軍将校団は軍団の攻撃計画のまずさが原因であると反論した。アイゼンハワーとアレクサンダーは論争を止めさせようと即座に介入し、第34師団には徹底した再訓練が実施された。しかし、一旦ひびの入った英米の協調関係は、以降の作戦においてもなかなか修復されなかったのである。

1943年3月、エル・ゲタール戦後の戦場に遺棄された、第10戦車師団第69戦車擲弾兵連隊第1大隊の輸送トラック群。［訳者注：左のトラックの荷台には、野戦烹炊器材が載せられている］

チュニジア戦の最終作戦
THE FINAL CAMPAIGN IN TUNISIA

4月半ばにショット陣地から枢軸軍が撤退したことで、北部チュニジアの橋頭堡には、第5戦車軍とイタリア第1軍のふたつの大集団が存在することとなった。アイゼンハワーはこの橋頭堡に対する一大打撃はアンダーソンの第1軍によって実施されることを示唆した。第1軍は攻撃への絶好の位置を占めており、何よりもエル・アラメインやマレト防御線での決定的勝利で第8軍の活躍だけが耳目を引いてばかりいたので、第1軍にも脚光の当たる舞台を用意する必要があったのである。さらにアイゼンハワーは、この一戦に米第2軍団の参加を望んでいることを、アレクサンダーにはっきりと告げた。アレクサンダーの当初の計画では、第2軍団はアンダーソンの第1軍の指揮下におかれるものとされた。パットンはこの案に猛烈に反対し、フォンドゥークでの失敗に関して第9軍団が第34師団に責任有りと非難したことで、遺恨とわだかまりが残っていることや、英軍参謀が第1機甲師団を軽侮する態度を見せていることを理由として挙げた。この結果、米第2軍団は戦線の最北部へと移され、アンダーソンの指揮下ではなくアレクサンダーの第18軍集団の直接指揮下に組み入れられた。

最終作戦への準備として、連合軍航空部隊は繰り延べとなっていた「フラックス（亜麻）」作戦を4月5日に開始した。この作戦は、チュニジア橋頭堡への枢軸軍の空輸活動を締め上げることを、目標としていた。チュニジアに入ろうとするドイツやイタリアの輸送機を捕捉するため、チュニジア海岸沖では戦闘機による戦闘哨戒が実施された。さらに駐機中の輸送機を飛行場で破壊するために、米軍のB-17爆撃機が投入された。連合軍の航空作戦が見事成功を収めたことで、4月の終わりには、ドイツ軍はチュニジアへの輸送機の投入を、昼間の大編隊によるものから、個々の輸送機による夜間飛行へと切り替えたのである。

チュニジアの危機的状況を受けて、ムッソリーニはヒットラーへ、ソ連と休戦協定を結べば、チュニジア防衛に全力を注ぐことができるので、連合軍のイタリア進攻を防ぐことができると提案した。ムッソリーニは、連合国が北アフリカを今後の作戦のための出撃基地に使うと確信していた。ヒットラーはこの提案を退け、橋頭堡に送られた部隊の質と困難な地理的条件を考慮すれば、チュニジア橋頭堡は「アフリカのベルダン」として、永久に存続し続けるのだと説いた。海路と空路による一大補給作戦の実施をヒットラーは確約した。だが実際には、3月から4月初めにかけての補給実績は必要量を大きく割り込んでいたのである。

第2軍団の攻勢計画の立案は、主としてオマー・ブラッドレー将軍の指導により完成された。ブラッドレーは、ウェストポイント陸軍士官学校でのアイゼンハワーの級友であり、アイゼンハワーの副官として働くためチュニジアに呼ばれていたのであったが、パットンが第2軍団長に任命されたことで、席を横取りされたかたちとなっていた。4月半ばにシチリア進攻に備えてパットンが第7軍司令官として転出すると、ブラッドレーが第2軍団長となった。アレクサンダーの計画では、第2軍団はメジェルダ川沿いに進む英第5軍団の側面掩護に使う予定であった。第2軍団には配備済みの米軍全4個師団〜第1機甲、第1、第9、第34歩兵師団〜と、連隊規模相当

写真にみる通り、断崖をもってそびえる609高地は、第34師団の前進を頑として阻んだ。高地に陣取ったドイツ軍砲兵観測員は、ドイツ国防軍が近隣一帯を制するのを手助けした。ついに4月30日に陥落するまでに、四度の犠牲の大きな攻撃が繰り返された。(NARA)

の仏軍「フランダフリケ」軍団が組み入れられた。第2軍団と対峙していた枢軸軍主力は、「フォン・マントイフェル」師団であった。およそ9個の大隊規模相当の部隊を臨時に集成して編成されたもので兵力は5,000名を数えた。内四分の一はイタリア軍「ベルサグリエリ」連隊と海兵隊であった。兵力では劣っていたものの、マントイフェルの部隊は、ここ数カ月の戦闘間に岩の丘陵に掘られた良好な防御陣地を利用することができた。

　4月23日、攻撃は広い正面をもって開始された。左側面（北側）をゆく第9歩兵師団は海岸沿いの山地に分け入り、第1歩兵師団はティヌ川渓谷へと連なる丘陵群へと押し入った。地形とドイツ軍が待ち構えていたために、戦闘は極めて厳しかったが、ゆっくりと前進が開始された。中央を進む第34歩兵師団は、丘陵群の中にあって周囲を制する、609高地を守るバレンチンの空挺隊を相手に手こずっていた。ブラッドレーは地形が適していなかったことで、第1機甲師団を予備として控置していた。これは歩兵師団群が海岸平野への道をつけた時に、一気に投入する考えであった。

　第34と第1師団戦区の戦闘は続き、609高地と周囲の丘陵群の奪取がその焦点となっていった。4月の最後の数日の戦闘では戦車が突撃支援に投入され、4月30日、ついに609高地、531高地、523高地は陥落した。

1943年5月5日、M2ハーフトラックを先頭にマチュールへの道を進む、第34師団の自動車化縦隊。(NARA)

523高地の抵抗はもっとも激しく、4月29日の日が暮れて夜に入ってから、第16歩兵連隊第1大隊が獲得した。だが頂上は剝き出しの岩場であり、近隣の丘陵のドイツ軍陣地からの射撃にさらされていた。ドイツ軍の逆襲により大隊は圧倒され、大隊長を含む150名が捕虜となり、残りは戦火に倒れた。米軍の1個戦車中隊が到着したことで、ドイツ軍は丘から追い立てられたが、打ち続いた激戦により両軍はともに高地を確保するための兵力が足りなかった。米軍はなおも他のふたつの高地を確保していたが状況は不安定であり、米軍守備隊は度重なる逆襲に持ちこたえていた。5月1日、609高地の米軍陣地が強化された。ここからはドイツ軍陣地が丸見えだったので、米軍砲兵は見事な火力統制の下に、ドイツ軍の逆襲に対して砲火を浴びせかけた。これによりこの地区のドイツ軍の防御は粉砕されたのである。

この間、海岸沿いに進んだ第9歩兵師団はドイツ軍守備隊を丘陵群へと

押し込みビゼルタへと接近した。これにより、第160戦車擲弾兵連隊はガラエ・イシクエル湖を背に包囲される寸前となった。マチュール前面へも敵が迫ったことで、マントイフェルは指揮下の部隊の主力が、包囲の危機に陥っていることを理解した。第5戦車軍は、5月2日から3日の夜にかけて、アシケル湖の両側におかれた準備陣地に退却することを命じた。マチュールは5月2日に放棄された。5月3日、第1機甲師団B戦闘団は退却するドイツ軍の追撃を開始し、マチュール市街に入りわずかな落伍兵を捕虜にした。偵察報告により、ドイツ軍がビゼルタに続く丘陵群を対戦車砲で強化していることが判明し、B戦闘団は街の外側に防御陣地を敷き、ドイツ軍の逆襲に備えるとともに、後続部隊が街に入れるようにした。

　ビゼルタへの最終攻撃は、チュニスとボン岬を目指す他の第18軍集団の攻撃と同時に実施されることになった。5月6日に開始された作戦で、アシケル湖の北を発した第9師団は、ビゼルタへと軍を押し進め、一帯を制する高地であるジェベル・シェニチを占領した。これにより第751戦車大隊といった支援機甲部隊の進出が可能となり、5月7日にはビゼルタ方面への捜索が開始された。この日の遅く、戦車部隊は市街に入り、ドイ

1943年5月7日、ビゼルタへと続く丘を行く、第9師団第60歩兵連隊の斥候隊。(NARA)

マチュールへの路上には、ドイツ軍が爆破処分した戦車がそこかしこに残されていた。手前はⅢ号戦車N型、中央は砲塔の外れたティーガー、右端はⅣ号戦車。(NARA)

ツ軍が交戦すること無く街を放棄したことを確認し、つづいてビゼルタ湖東側の半島へと進んだ。5月8日、ビゼルタ解放の栄誉を担うために、「フランダフリケ」軍団がトラックで運ばれてきた。

5月6日、第2軍団の残る部隊は、マチュールを越えた地点で攻撃を開始し、第1機甲師団がフェリヴィユへの路上を進撃した。最初の攻撃間に対戦車砲が1ダース以上の戦車を破壊したものの、5月7日にはフェリヴィユは包囲された。この段階で、マントイフェルの部隊は、ビゼルタ湖周辺、ティヌ川の東、チュニス北西部の三つの包囲陣に分断された。枢軸軍では物資と弾薬の欠乏はひどい状況となっており、増援どころか北アフリカからの退却の希望も無いまま孤立することは、ますます明白となっていた。しかしながら、いまだビゼルタ周辺には、沿岸砲台と高射砲陣地を含む、強固な防御陣が残されていた。

5月7日の午後、フランク・カー中佐の率いる第13機甲連隊第1大隊と第6機甲歩兵連隊第3大隊から構成された任務部隊が、ビゼルタ湖東側のドイツ軍を分断するために、行動を開始した。5月8日、先頭を疾駆していた軽戦車部隊は、布陣した105㎜高射砲の射撃にさらされ、6両を失った。だが、5月9日午前の早い時間に、カー任務部隊は地中海の海岸へと到達した。

戦況が明らかに絶望的であったことと、将兵の疲労が極限に達していたことで、北部チュニジアのドイツ軍は一気に総崩れとなった。5月9日の朝、

第5戦車軍司令官であるフォン・フェールスト将軍はアルニムに対し、「我は全装甲車両と火砲を喪失、弾薬と燃料は底を尽く、最後の一兵まで戦う」と最終報告を発した。しかし現地ではすでに、フェールストが降伏条件を話し合うための密使を米軍戦線へと送っており、午前中の内に、ハーモン将軍との間に降伏交渉がまとまった。第10および第15戦車師団は5月9日の1250時をもって降伏した。ゲーリング偵察大隊はジェベル・イシクエルの洞窟に立てこもったが、ついに約4万名の将兵が第2軍団の軍門に下った。一方、南部で英第1軍と対峙していたドイツ軍は、1943年5月13日に降伏した。最終的には、27万2,000名の枢軸軍が降伏し、その数はスターリングラードの損失に比肩しうるものであった。その類似性から、いくつかの新聞は「チュニスグラード」と呼んで、この勝利を讃えたのである。

第1機甲師団長アーネスト・ハーモンとの、ビゼルタ周辺の国防軍の降伏交渉に臨んだ第15戦車師団長ヴィリバルト・ボロヴィーツ将軍と他の二人の将軍。(MHI)

ビゼルタ周辺の道路は、写真のIII号L型戦車のようにドイツ軍の破壊遺棄した装備・車両と残骸で一杯であった。(Patton Museum)

1943年5月7日、第751戦車大隊のM3中戦車に後続して、注意深く市街地へと入る第9師団の歩兵。(NARA)

作戦の回顧
THE CAMPAIGN IN RETROSPECT

　カセリーヌ峠戦はロンメルの最後の勝利であったのだろうか。カセリーヌ峠戦のきっかけとなったシジ・ブ・ジッドへの攻撃はたしかに戦術的勝利であったが、ロンメルの部隊の手によるものではなかった。ロンメルが主役となってその手腕を見せたのは、カセリーヌ峠を押し進むことで、アルニムの獲得したシジ・ブ・ジッドとスベイトラの戦果を、拡張してみせた場面であった。たしかにロンメルは２月21日にカセリーヌ峠の第一線防御を撃ち破りはしたものの、その部隊は如何にしても米英軍の抵抗を排除して峠を打通することができなかった。そして、アルニムが警告していたことではあったが、物資の不足により退却を余儀なくされたのである。２月攻勢のもたらした長期的利益に関しては、議論が分かれている。ファイド～カセリーヌ戦が始まる以前においては、アイゼンハワーとアンダーソンはともに、春が来るまでは中部チュニジアにおいて大規模な作戦を実施する構想をもっていなかった。しかもどちらかといえば、カセリーヌの緒戦の敗北は、パットンの米第２軍団をして直後に控えたマレト防御線の戦いのために攻撃的な姿勢をとらせることになり、それにより地に落ちた米軍の名声は回復されたのである。一般に抱かれているイメージと異なり、カセリーヌ峠戦は連合軍の勝利と呼べるものであった。

　敗北は軍の未来を決定づける。救いようの無いものは自滅へと向かい、凡庸なものは責任のなすり合いの罠に陥り、幸運なものは改革へと邁進することになる。米軍が、もっとも良い時期と場所で敗北を経験したことは幸運であった。チュニジア作戦は、辺境戦線における添え物的な努力にすぎず、そのため投入兵力も少なく、戦略的な影響も乏しかった。敗北は1944年６月におこなわれたヨーロッパ戦線における主要作戦よりも一年以上も前に経験されたのであり、米軍には改革実施のための充分な猶予期間が与えられた。改革は直ちに、指揮組織、教義（ドクトリン）、組織編制、装備の各分野で着手された。またチュニジア戦は、将来の作戦に備えて、主要な地位にある多くの司令官の特質を確認するのに役立った。アイゼンハワーの指導力には問題無しとはしがたいものがあったが、しかし困難に直面しての指揮統率能力は適切であった。カセリーヌ戦以前においては無名の一師団長にすぎなかったブラッドレーは、上級野戦司令官として急速に頭角を現した。パットンもまた、煌めく将星のひとりであったが、その粗野な言動はのちのシチリア戦で人品に疑問をもたれることになった。英軍においては、アンダーソンの作戦指揮は拙劣であったと評価され、チュニジア戦後は閑職へと追いやられた。

　米軍ドクトリンは、チュニジア戦後に大幅に書き換えられた。空想に満ちた想定を脱し、チュニジアで得た苦い戦訓をもとに将来の戦いに向けてのよ

り現実に即した教義が用意された。陸軍ドクトリンはその概要においては健全であるものの、訓練が非現実的で不十分である事が確認された。改革はいくつかの分野では充分に進められなかった。戦車駆逐車のコンセプトは手つかずとされ、戦車大隊に歩兵支援任務の訓練を課すことの必要は、なかなか認められずにいた。この原因は首都ワシントンにある陸軍地上軍（AGF）の官僚主義にあり、在ヨーロッパの司令官とは関係がなかった。航空支援ドクトリンは大きな変革を経たもののひとつである。ピート・ケサダといった若い指揮官は、英砂漠航空軍のアーサー・カニンガム中将から戦訓を学び、新ドクトリンへと採りいれた。これは、1944年のフランスにおける作戦で見事に結実した。

　組織編制の改革は急であったが、限定的なものとなった。歩兵部隊の組織編制は機甲師団ほどには大きく改編されず、大枠は以前と同じまま、多くの小さな変革が実施されるに止まった。機甲師団の編制は一新され、6個戦車大隊に対しわずかに3個歩兵大隊が与えられただけの戦車重視の編制から、戦車、歩兵、砲兵の各3個大隊を組み合わせる、よりバランスのとれた、諸兵科連合効果を狙ったものとなった。装備の改革は、チュニジア戦の諸問題の原因は兵器装備にはなく、訓練、ドクトリン、編制に求められると評価されたことから、わずかな進展を見せただけであった。それでも37㎜対戦車砲は、バズーカ砲と57㎜対戦車砲により更新された。新機甲ドクトリンにおいては、軽戦車はその中心的役割を失っていたが、二次的諸任務のために少数が残された。M3中戦車とM3軽戦車は現役を外され、新型のM4中戦車とM5A1軽戦車により取って代わられた。

　戦略レベルにおいて、米軍の上層指揮機構は、第一次大戦時に"ブラックジャック"・パーシングが提唱した、「米軍部隊は米軍編成内にあって、米軍司令官の下で戦う」というモデルに戻った。チュニジア戦において英仏軍と

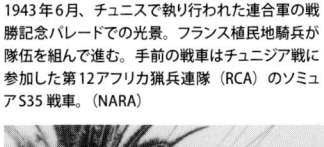

1943年6月、チュニスで執り行われた連合軍の戦勝記念パレードでの光景。フランス植民地騎兵が隊伍を組んで進む。手前の戦車はチュニジア戦に参加した第12アフリカ猟兵連隊（RCA）のソミュアS35戦車。（NARA）

混用され混乱を経験したことで、ヨーロッパ戦域の米軍は、軍レベル以下の規模で英軍の指揮下に置かれることを激しく厭うようになっていた。単純にみて、米軍部隊が軍団や師団レベルにおいて英軍の指揮下で快適に作戦を実施するには、英米間の指揮方法、戦術ドクトリンにはあまりにも多くの違いがあり過ぎた。一部には例外もあったが、総じてカセリーヌ戦後の米軍は、シチリアのパットン第7軍、イタリアのクラーク第5軍、ノルマンディのブラッドレー第1軍のように、少なくとも軍単位としての一体性を保ったのである。

　ドイツ国防軍にとっては、北アフリカ戦は奈落の底へと滑り落ちていく前の、絶頂期の作戦であった。ドイツ陸軍は依然として連合軍に対する戦術と技術の優位を保っていたが、チュニジアでの敗北は西方の戦いにおける戦略的主導権の喪失を意味していた。1943年5月よりのち、ドイツは戦略的守勢へと転換したのである。ドイツ国防軍が下方スパイラルへと落ち入り始めたことで、長い坂を上ってきた英軍は、ついに戦術レベルの戦闘力においてドイツ国防軍と対等の位置に立とうとしていた。米軍は優れた学び手であることを証明し、砲兵火力と航空支援の充分な近代化を達成したことで、1944年には完全な戦術的優位を得ようとしていた。チュニジア戦で明らかとなった、ドイツ国防軍内における指揮・統率の問題は、さらに悪化していた。ヒットラーが適切な時点におけるチュニジアからの枢軸軍撤退を拒絶したことは、この後、繰り返される腹立ちまぎれの兵力損耗命令のはしりとなった。ずらりとならんだ寵愛を受けた忠臣たちが、総統の個人的裁可を得ようと競い合うという、ヒットラーの中世的指揮スタイルは、ドイツ軍の指揮統率力を混乱させ続けたのである。さらに戦術面において、1943年の各戦線での敗北は、ヒットラーをして国防軍将校団に対する信頼を失わせる結果となり、その代替物である、政治化された軍事組織である、武装親衛隊の拡充へと駆り立てていったのである。これは複雑な代物と化していたドイツの軍事組織の混乱をさらにひどくすることになった。

　チュニジアにおけるイタリア軍の敗北は、スターリングラード戦での大損害と相俟って、枢軸軍の戦争遂行計画におけるイタリア軍の存在価値に終止符が打たれたことを意味していた。連合軍がシチリア進攻を開始した1943年7月10日の時点では、ドイツ国防軍はもはやイタリア軍を弾除けに毛の生えた程度の存在としかみなしておらず、作戦遂行の主体はドイツ軍とされたのである。リビアとチュニジアの敗北に続く、1943年7月のシチリア失陥の衝撃は大きく、ムッソリーニは権勢を失い、イタリアは枢軸から脱落することになってゆくのであった。

かつての戦場の現在
THE BATTLEFIELDS TODAY

　1943年のチュニジア戦は、今日のチュニジア社会にとくに痕跡を止めてはおらず、また戦争の記憶を残そうという働きかけもみられない。もっとも顕著なのは、チュニスにある北アフリカ米軍墓地である。チュニジアで戦った米軍犠牲者を記憶する場所となっている。本書に記されたそれぞれの戦場は、人口密集地の沿岸部から遠くはなれた砂漠の中にある。ヨーロッパの戦跡を巡る旅行者を喜ばせる、数々の便益はここには存在しない。カセリーヌ峠や、シジ・ブ・ジッド、エル・ゲタールといった主要な戦場を訪ねた人々の談によれば、破壊された戦車や兵器といった、戦いがあったことを示す証拠物はなにもないという。より遠くの丘陵のいくつかには、薬莢や砲弾片、塹壕や陣地跡を確認できるという。タラと609高地に築かれたイギリスの記念碑からは、銘板が取り外されオベリスクが残るだけだ。いくつかの戦場は時の移ろいとともにその姿を変えており、フォンドゥーク近くにはダムが築かれ、カセリーヌの道路は改良された。すべてはシジ・ブ・ジッドの街が拡大を続けていることがその理由である。

　2両のティーガーI重戦車のように、チュニジアの戦場から回収された兵器がよりアクセスの良い場所に展示されている例もある。1両は英国ボーヴィントンの戦車博物館にあり、もう一両は永らく米国メリーランド州のアバディーン演習場の砲熕兵器博物館に展示されていたが、近年はレストアのために英国におかれている。アバディーン演習場の砲熕兵器博物館に展示されている、ドイツ軍のII号軽戦車、III号L型、III号N型、IV号G型の各中戦車はチュニジアの戦場から運ばれてきたものだ。チュニジアのドイツ軍墓地にあったIII号M型戦車は、1990年代にドイツへ戻されてレストアされ、ムンスター戦車博物館のコレクションに加わった。

巻末写真付録：チュニジアのドイツ軍車両
appendices

第501重戦車大隊/第90軍団第190機甲捜索中隊/第10戦車師団
(小社刊『ティーガー重戦車写真集』『ドイツ軍用車両戦場写真集』より)

第501重戦車大隊第1中隊

第501重戦車大隊第1中隊のティーガーⅠ、"122"号車。1943年初頭に撮影されたと思われる極初期型である（『ティーガー重戦車写真集』より）。北アフリカ戦線に展開した第501重戦車大隊は1942年5月10日にエアフルトで編成され、8月末に最初のティーガーを受領。11月23日に最初のティーガー3両がビゼルタに到着している。

走行中のティーガーⅠ極初期型、第501重戦車大隊第1中隊の"132"号車を捉えた写真（『ティーガー重戦車写真集』より）。車体の各部に目だった損傷がないので、大隊がアフリカに上陸して間もない1942年末頃の撮影と推定される。

"132"号車を撮影した連続写真からの一葉（『ティーガー重戦車写真集』より）。損傷した履帯を交換した後、再出発しようと戦車兵がティーガーに乗り込んでいる光景。エンジンデッキにはまだ予備のリンクが置かれている。

巻末写真付録：チュニジアのドイツ軍車両

修理後の試運転（左ページ上の写真）を終え、撮影しているカメラマンのところまでもどってきた"132"号車と、それに見入る二人の降下猟兵（『ティーガー重戦車写真集』より）。――第501重戦車大隊の生残ティーガーとその他大隊麾下部隊は1943年3月17日に、到着直後のアフリカ2番目のティーガー部隊、第504重戦車大隊に吸収されている。

第90軍団第190機甲捜索中隊

第90軍団第190機甲捜索中隊の8輪重装甲偵察車、新車同然のSd.Kfz231後期型（『ドイツ軍用車両戦場写真集』より）を捉えた鮮明な写真。1942年11月、チュニジアで撮影。11月8日、連合軍が"トーチ"作戦を開始し、米軍が仏領北アフリカの三地点に上陸。第90軍団がチュニジアとアルジェリアの国境線を防衛するために急遽編成された。第190機甲捜索中隊の8輪重装甲偵察車は、軍団の主力である第5降下猟兵連隊の支援のために初めて受け取った機甲戦力であった。

路肩に停車した8輪重装甲偵察車（『ドイツ軍用車両戦場写真集』より）。フェンダーなどに小銃からと思われる弾丸数発を被弾している。後部に同乗させているのは第5降下猟兵連隊の兵。上の写真と一連のカットである。

第10戦車師団司令官フィッシャー少将が、テブルバ進駐時に同乗した8輪重装甲偵察車、Sd.Kfz233シュテンメル。車両登録番号 "WH-180 867"。写真は1942年11月にテブルバかその近郊で撮影されたと思われる（『ドイツ軍用車両戦場写真集』より）。Sd.Kfz233は1942年10月に最初の車体が完成した、当時の最新兵器だった。

連続写真が再現するドイツ軍最前線の実像

現存するオリジナルネガからニュープリント！鮮明な写真が醸し出す臨場感

大日本絵画

ティーガー重戦車写真集
◎富岡吉勝［監修］ ◎小林源文［劇画］
2,700円

戦車部隊と行動をともにし、あらゆる戦線でドイツ軍の行動を記録した宣伝中隊。伝説的な最強の重戦車は彼らの被写体として最適だった。本書は重戦車大隊に従事したカメラマンが各地のティーガーを主題に撮影した写真100枚以上を選んで、ネガナンバー順に連続収録。また、戦記劇画の第一人者である小林源文氏が実車の取り扱いマニュアルをわかりやすく再構成した図解版『ティーガーフィーベル（虎戦車入門）』も併せて収録。

ドイツ軍用車両戦場写真集
◎富岡吉勝［監修］
2,800円

ドイツ軍部隊の最前線に従軍したカメラマンが残した写真を連続収録。第二次大戦後半、特にノルマンディ上陸作戦以後のドイツ軍の様子を中心に、演出／やらせカットも含めてありのままに再現。掲載車種の半数近くはパンター戦車各型!! さらにⅣ号戦車、8輪重装甲車、各種装甲ハーフトラックなど多岐にわたるAFVを収録。各写真の撮影時期と場所、所属部隊のデータにもこだわる。巻末には富岡吉勝氏の書き下ろし戦記を掲載。

◎表示価格に消費税が加わります。価格は2008年11月末日現在のものです。

◎訳者紹介｜三貴雅智（みき まさとも）

1960年新潟県新潟市生まれ。立教大学法学部卒。機械工具メーカー勤務を経て『戦車マガジン』誌編集長を務めたのち、現在は軍事関係書籍の編集、翻訳、著述など多彩に活躍。著書として『ナチスドイツの映像戦略』、訳書に『武装SS戦場写真集』『チャーチル歩兵戦車1941-1951』『マチルダ歩兵戦車 1938-1945』があり、ビデオ『対戦車戦』の字幕翻訳も担当。『SS第12戦車師団史・ヒットラーユーゲント（上・下）』『鉄十字の騎士』の監修も務める。また、『アーマーモデリング』誌の英国AFV模型製作の連載記事「ブラボーブリティッシュタンクス」の翻訳も担当している。（いずれも大日本絵画刊）

オスプレイ・ミリタリー・シリーズ
世界の戦場イラストレイテッド　3

カセリーヌ峠の戦い 1943
ロンメル最後の勝利

発行日	2009年2月7日　初版第1刷
著者	スティーヴン・ザロガ
訳者	三貴雅智
発行者	小川光二
発行所	株式会社大日本絵画 〒101-0054　東京都千代田区神田錦町1丁目7番地 電話：03-3294-7861 http://www.kaiga.co.jp
編集	株式会社アートボックス http://www.modelkasten.com/
装幀・デザイン	八木八重子
印刷/製本	大日本印刷株式会社

©2005 Osprey Publishing Limited
Printed in Japan
ISBN978-4-499-22983-8

Kasserine Pass 1943
Rommel's last victory
Steven J Zaloga

First Published In Great Britain in 2005,
by Osprey Publishing
Midland House, West Way, Botley, Oxford, OX2 0PH.
All Rights Reserved.
Japanese language translation
©2009 Dainippon Kaiga Co., Ltd